遺伝子が語る生命38億年の謎

なぜ、ゾウはネズミより長生きか?

国立遺伝学研究所〈編〉

悠書館

はじめに

桂　勲（国立遺伝学研究所 所長）

この本は、遺伝学の最先端の研究の中から19の話題をとり上げ、一般の方々に向けて解説したものです。それらは、第Ⅰ部 **生物進化**、第Ⅱ部 **人類進化**、第Ⅲ部 **ゲノム**、第Ⅳ部 **細胞と染色体**、第Ⅴ部 **発生と脳**という5つのグループにまとめてあります。それぞれが独自のストーリーをもつので、冒頭部から順に読み始めても、興味をもった章を気ままな順序で読んでも、楽しんでいただけると思います。

さて、この本が示すように、遺伝学には分子・細胞レベルから個体・集団レベルまで、細菌からヒトまで、面白い話題がたくさんあります。生物に固有の豊かな多様性は、遺伝学の特徴のひとつです。

一方で、遺伝学は全体を貫く統一性も備えています。生物学は、遺伝学によって全体を通した一貫性をもつようになったといっても過言ではないでしょう。ここでは、遺伝学の中心にある、この「統一的な考え方」を紹介したいと思います。この考え方を理解することにより、本書の背景が明らかになり、内容をより深く理解できるようになると期待しています。

遺伝学の基本概念である遺伝子は、19世紀にグレゴール・メンデルにより提唱された後、20世紀に入って細胞内の染色体に存在することが示され、さらにオズワルド・エイブリーらによりその本体がDNAであることが証明されました。その後、ジェームズ・ワトソンとフランシス・クリックのDNA二重らせんモデルに始まる分子生物学の急速な展開により、遺伝の基本メカニズムが分子レベルで解明されました。それをひとことでいうと、次のようになります。

DNA→タンパク質→細胞→生物個体→生態系…………(1)

つまり、DNAは生物の設計図であって、その遺伝情報をもとに生物の形やさまざまな性質が決まるということです（**図1**）。それが何よりの証拠には、DNA（遺伝子型）を変えると生物の形や性質（表現型）が変わります。受精卵から発生が始まって動物の複雑な形ができるのは、長い間、大きな謎とされてきましたが、これは受精卵に含まれるDNAの遺伝情報にもとづいて発生が進むからに他なりません。

なお、ひとことだけ断っておくと、遺伝情報をもとに生物の形質がつくられる過程では、環境の影響も受けるので、遺伝学はガチガチの決定論ではありません。人は努力すれば能力的に大きく進歩しますし、健康に生まれた人でも、だらしない生活をすれば病気にかかりやすくなります。その程度の自由度の中で、DNAは生物の形や性質を決めているのです。

では、生物の発生で最初の原因、いわば最上位にあるDNAの遺伝情報は、どのように形成されたのでしょうか？　チャールズ・ダーウィンの理論を遺伝学で補完した現代進化学の説明によれば、DNAは、突然変異によってそれ自身の多様性、およびその結果として生物の形質の多様性をつくるが、その中で環境に最もよく適応し、生存競争に勝利した生物のDNAが生き残ることによって、遺伝情報が変化するということです。これをひとことでいうと、次のようになります。

生態系→DNA……………⑵

つまり、⑴では最下位に位置する生態系から、非常に長い時間の間にフィードバックがかかり、DNAが少しずつ変化して現在の多様な生物のDNAになったというわけです（**図1**）。この過程にかかわる生物多様性や種分化など進化の問題も、遺伝学の重要な課題です。

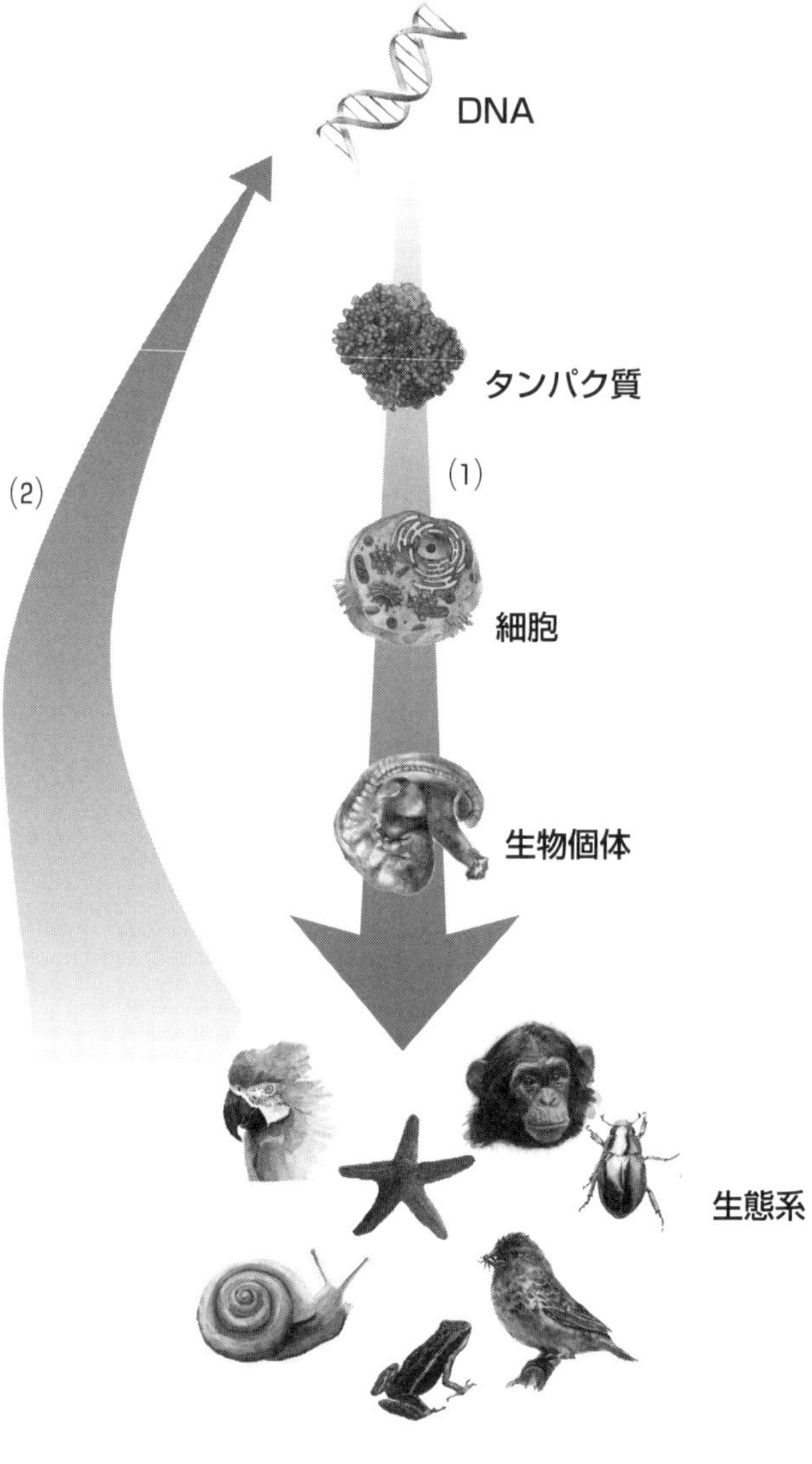

図1

以上のように、遺伝学には、遺伝情報からどのように生物ができるかを解明する情報解読（デコーディング）の問題と、遺伝情報がどのようにできたかという情報生成（エンコーディング）の問題が存在します。生物の働きや発生の問題は前者、遺伝情報の進化の問題は後者ということになります。

生物に関する問いには、このふたつの問題に対応して、ふたつの答え方があります。たとえば、キリンの首はなぜ長いかという問いに対して、ひとつの解答は、発生過程を追跡して、ウマやブタとくらべて首が長くなる過程を探し、そこで働いて首を長くする遺伝子を調べ、遺伝情報から首の長さまでの因果関係を解明することです。

遺伝情報はどのようなタンパク質ができるかを指定するだけなのですが、さまざまなタンパク質どうしや、タンパク質とＤＮＡが特異的な相互作用をすることにより、生体にはスイッチ回路や経路という因果関係のネットワークができています。これを見つければ、原因から結果までをたどることができます。

また、もうひとつの解答は、進化の過程でなぜ首が長くなったかを考え、首が長い方がなぜ多くの子孫を残せるかという理由を具体的に示すことです。

動物行動学などでは、因果関係の連鎖で説明する前者を「至近要因」、環境への適応度が高いことで説明する後者を「究極要因」とよんでいますが、生物に関する問題では常にこの２通りの説明ができるのです。
この本を読む時に、それぞれの章が、至近要因、すなわちＤＮＡの遺伝情報をもとに、生物の形や働き、最終的には生態系ができるまでの因果関係の一部を扱っているか、あるいは究極要因、すなわちどのようにして上手に環境に適応しているかを扱っているかを考えてみるのも面白いと思います。

図2．ニールス・ボーア

遺伝学に限らず、生物学では、多様性と統一性、因果関係と適応、大局と細部など、さまざまな面に気を配る複眼的な思考が重要といわれます。これは、まだ遺伝学・生物学が未完成の学問だからで、完成の暁にはひとつの原理を元に説明できるようになるのでしょうか？　あるいは、完成しても複数の原理が残るのでしょうか？

分子生物学の歴史をさかのぼると、原子物理学の父ニールス・ボーア（**図2**）が１９３２年におこなった「光と生命」という講演に突き当たります。この講演の中でボーアは、生命の研究が進むと、目的論と機械論の相補性が明らかになるだろうという予言をしました。これに魅力を感じた物理学者たちが生命の研究に転向して分子生物学のひとつの潮流ができたのですが、目的論は現代的にいうと進化による環境適応なので、この発言は究極要因と至近要因が相補的な原理として残るとも解釈できるのが興味あるところです。

今では遺伝学の発展によりさまざまな生物のゲノムが解読され、生物の分析が極限近くまで進んだので、逆に総合に向かうシステム生物学等の分野が現われています。総合的な方法が大成功して「生命とは何か」が本当に解明されたときに、その解答がどのようなものになるかは、まだわかりません。しかし、生き物の不思議に感動して研究を志した研究者たちは、本書に書かれているような個別の問題の面白さがとり込まれた解答でなければ、最終的な解答とは納得しないでしょう。

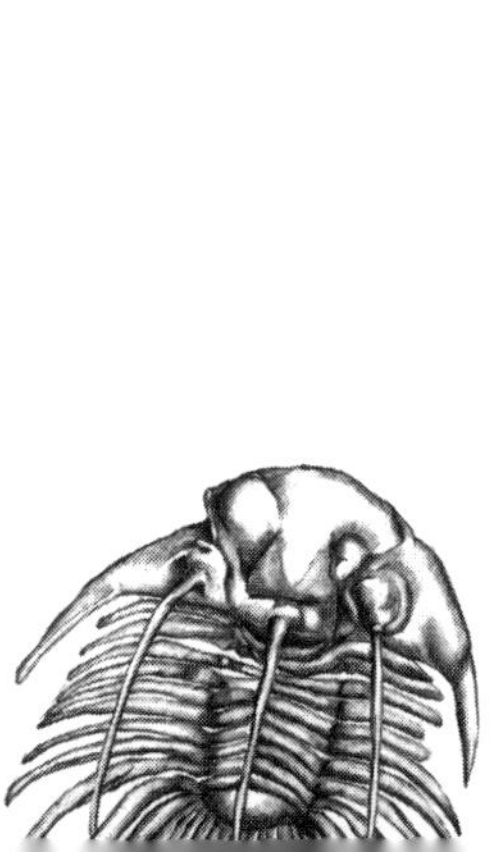

第3章 多細胞動物の起源の謎

第4章 地球型生物の謎

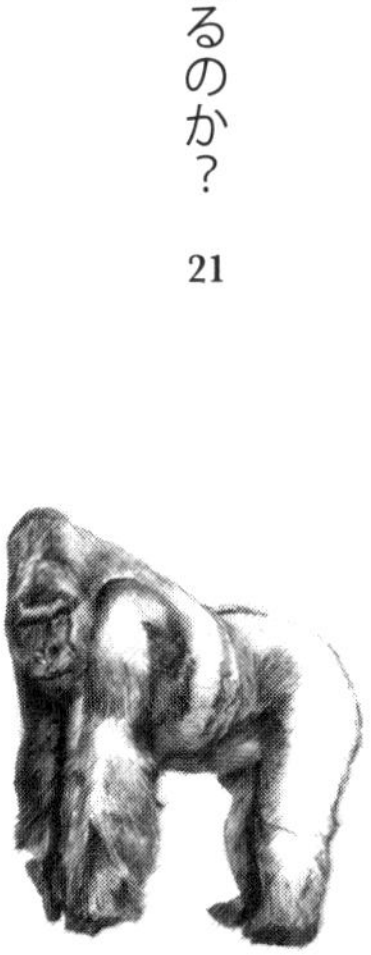

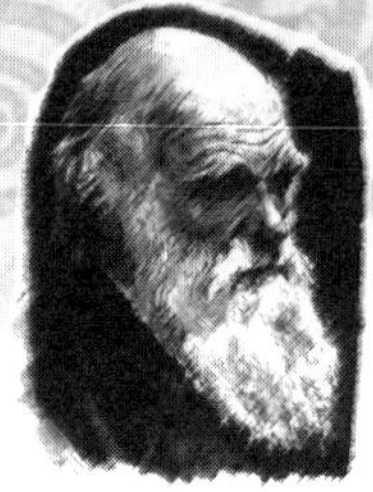

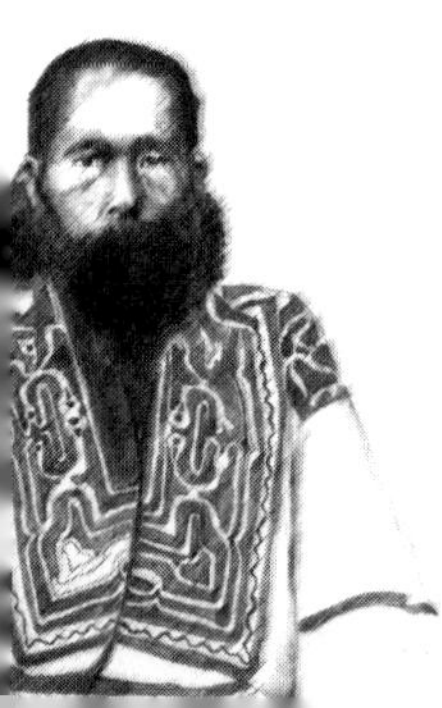

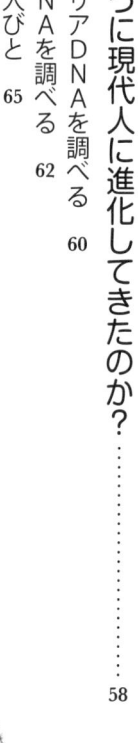

第III部　ゲノムの謎

第V部　発生と脳の謎

第16章　脳の個性の謎

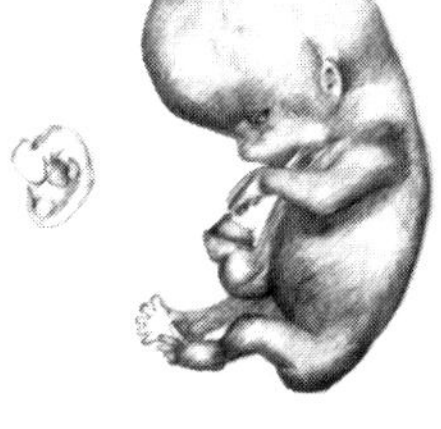

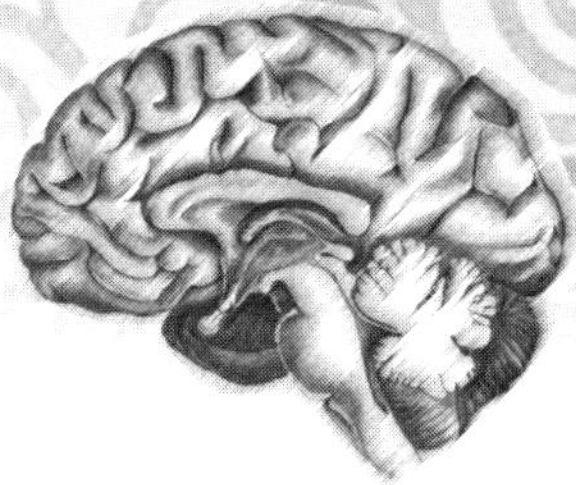

第19章 生殖系幹細胞の謎

第I部 生物進化の謎

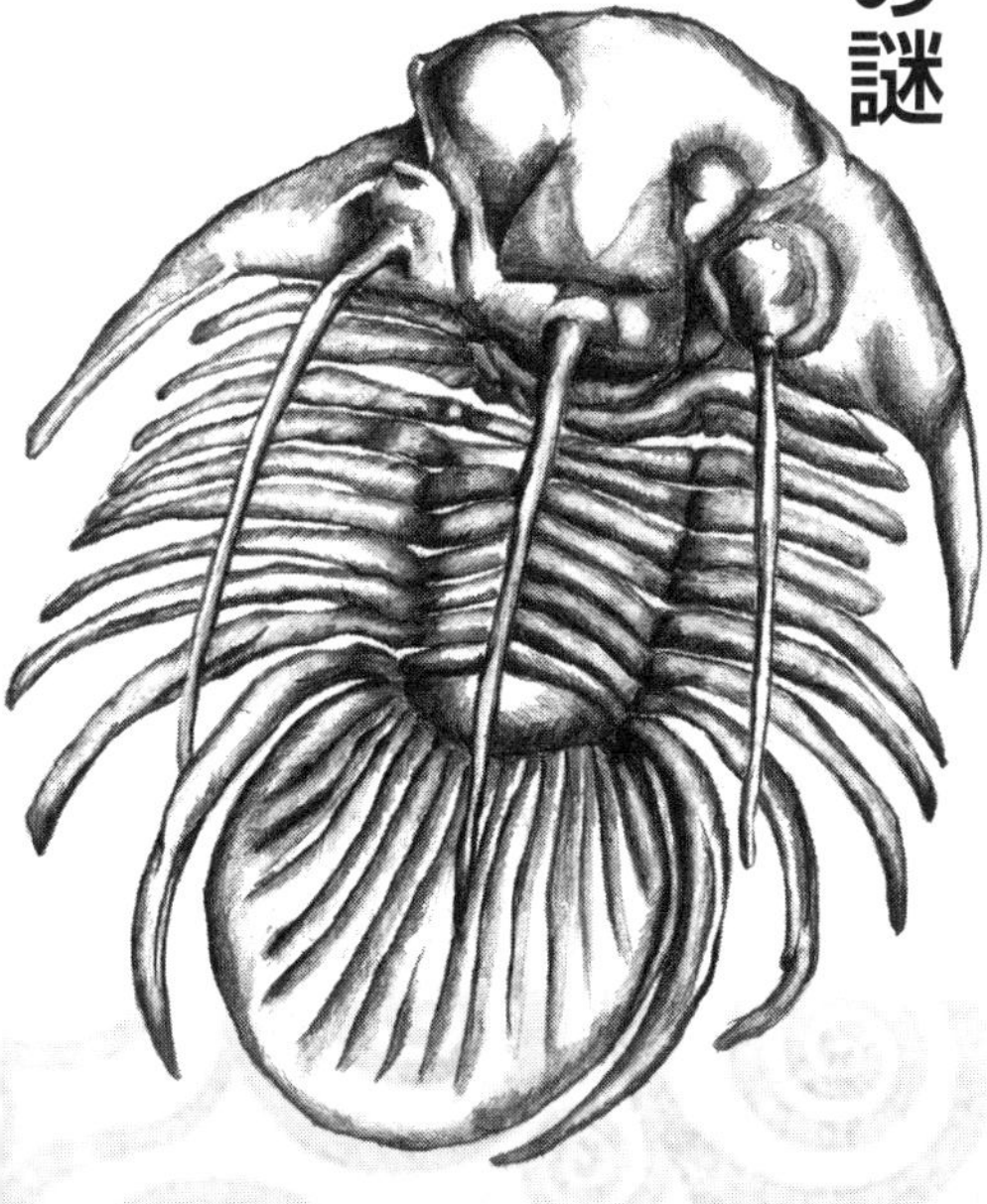

第1章

サイズの進化の謎

「もてる」体はどのようにつくられてきたのか？

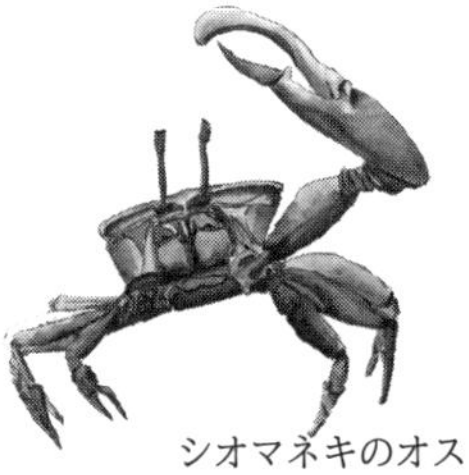

シオマネキのオス

筆者：高野敏行

「過去から現在にいたるゲノムの振る舞いを解くことで、遺伝子や細胞、組織・器官が相互作用する仕組みを明らかにし、未来を予測する〈進化ゲノム学〉に挑戦している。」

若い頃、「あと10センチ身長が高かったら」と、今になってみるとせんないことを願っていました。小学校の給食が嫌いで、よく残していたのがいけなかったのか。あるいは遺伝であったのか？

10人も集まれば10センチといわず、もっと大きな違いを私たちは目にすることができます。違う生き物をみれば、サイズの違いは桁《けた》違いです。陸生の哺乳類だけでも、体長7メートル、体重7トンのゾウもいれば、尾をふくめても10センチに足らず、2グラムにも満たないトガリネズミもいます。私たちの肝臓と腎臓、大きさも形も違います。いったい体や器官、組織の大きさは、どのようにして決まっているのでしょう？　明らかに、遺伝によってプログラムされたものがあるはずです。この章では生物学におけるサイズの問題を発生生物学、進化遺伝学の観点から解説します。

前述の10センチの願いは、本人にとっては相当に切実な問題でしたが、実をいえば、身長を高くしなくても願望はかなえられたかもしれません。要するに私は「もてたかった」のです。もてない理由として、背が低いと考えていたわけです。背が高ければもてるに違いないと、信じていたわけです。これは検証のしようのない考えですが、あながち間違いでもないかもしれません。

動物の世界では、メスがつがい相手のオスを、角や羽《はね》といった装飾品の大きさや形で選ぶことは、よく知られた現象です。りっぱな「持ちもの」は、本人の「優秀さ」をあらわす指標とされているようです。この章の最後では、「もてる」タイプと形態進化について考えます。

細胞を増やす働きのあるタンパク質とサイズの変化

私たちすべての個体は、たった1個の細胞から始まります。母の卵と父の精子が合体した受精卵です。その後、細胞は分裂をくり返し、細胞数を増やすことで複雑な体を形成していきます。一般に、サイズの違いは細胞数の違いをあらわしています。したがって、細胞が分裂する速度と増殖している時間が、最終的な大きさを決めると考えられます。

細胞の増殖は当然、エネルギーを必要とするため、栄養状態に影響されます。栄養状態は脳下垂体から分泌《ぶんぴつ》される成長ホルモンやインスリン様増殖因子の量にあらわれます。増殖因子とは、細胞の増殖をうながすタンパク質のことです。こうした増殖因子の量や働きを遺伝的に変えることで、体の大きさを変えることができます。

品種改良の結果、イヌには大きさや形がきわめて違う多くの犬種が存在します。ポメラニアンやチワワといった小型犬から、秋田犬や体重70キロをこえるグレート・デーンのような大型犬もいます。最近になって、小型犬と大型犬では、インスリン様増殖因子1遺伝子のタイプが違うことが突きとめられました。大型犬にくらべ小型犬では、この増殖因子の量が少なくなっています。同様に、細胞数を増やす働きのある繊維芽細胞増殖因子4つが、ダックスフントなどの脚を異常に短くしているのがわかってきました。

サイズの調節

では、増殖因子だけでマウスをゾウにできるでしょうか? 答えはノーです。私たちには、体や器官を「適切な」大きさに調節する能力が備わっているようなのです。ほかの哺乳類とくらべると、私たちは体の大きさに対して際立って発達した脳をもちます。しかし、これは長い進化の時間をかけて達成できたことです。たまたま特定の臓器に増殖因子がよく働いたからといって大きくなられては、ほかの臓器がたまりません。

また、私たちの腕（前足）と足（後ろ足）は大きさが違いますが、左足と右足はほぼ同じ長さです。もちろん、長さが大きく違えば具合が悪いことは試さなくても明らかでしょう。どうして前足と後ろ足は大きさが違うのに、左足と右足は同じになるのでしょう？　左足が右足の成長具合を知っているとは思えません。当たり前のようですが、実は左右の対称性のメカニズムはよくわかってはいません。

器官によっては、最終的な大きさはあらかじめ決められているようです。「あらかじめ」といいましたが、正しくは器官自体が自分の大きさを認識し、「適切な」大きさになったら増殖をとめるということです。

ギリシャ神話のプロメテウスは、ゼウスの怒りをかい、カウカメス山に磔《はりつけ》にされます。ハゲタカに肝臓を食べられますが、肝臓は翌日には再生し、これが毎日くり返されます。肝臓は確かに再生能力が高い臓器で、発生の早い段階で全体の3分の2の細胞を失っても、正常な大きさにまで回復できます。ここで重要なのは、再生した肝臓は大きくも小さくもなく「正常な」大きさになるということです。

ショウジョウバエの胚発生を例にして、サイズの調節機構（サイズ感覚）について少し詳しくみてみましょう。受精卵から始まる発生で最初にしなければならないのは、前後や背腹といった方向性（軸）をつくることです。ショウジョウバエの前後軸は、母親からもたらされる *bicoid* 遺伝子の産物（メッセンジャーRNA）が、卵の一方の端（将来の前側）にだけ存在することでつくられます。

このメッセンジャーRNAの情報は、タンパク質へと翻訳されます。この際、BICOIDタンパク質の量についても一方の端に多く、反対の端に少ないという濃度勾配ができます（**図1**）。この勾配を読み取って、前から後ろへ一丁目、二丁目と番地を振っていきます。

通常、この遺伝子は2コピー存在します。これを増やしたり減らしたりすると、それに応じてBICOIDタンパク質の量も変化します。例えば、6コピーの*bicoid*遺伝子をもった母親から生まれてくる胚では、BICOIDタンパク質の量も3倍になり、前側、つまり頭部が拡張されることになります。しかし、こうした変化もその後の発生で調節され、成虫の頭部の大きさは野生型と変わりません（**図1**）。

私たちはこの「調節」に働く遺伝子をみつけ、*mabiki*と名づけました。本来「間引く」とは、効率的な作物の栽培、育成をはかるため、密生している作物の一部を抜いて、間をあけることを意味しています。この*mabiki*遺伝子も拡張した頭部において細胞死を誘導することで、サイズを調節しています。この*mabiki*遺伝子が壊れてしまうと、本来、死ぬべき細胞が死ななくなって、結局は胚が死んでしまいます。

細胞死によってサイズが調節されていることがわかりましたが、ではいったい、どの細胞がどのようにして組織や器官が適切な大きさに達したことを「知る」のでしょう。

腫瘍抑制遺伝子を含んだ遺伝子経路*hippo*カスケードがサイズ感覚にかかわることがわかり、

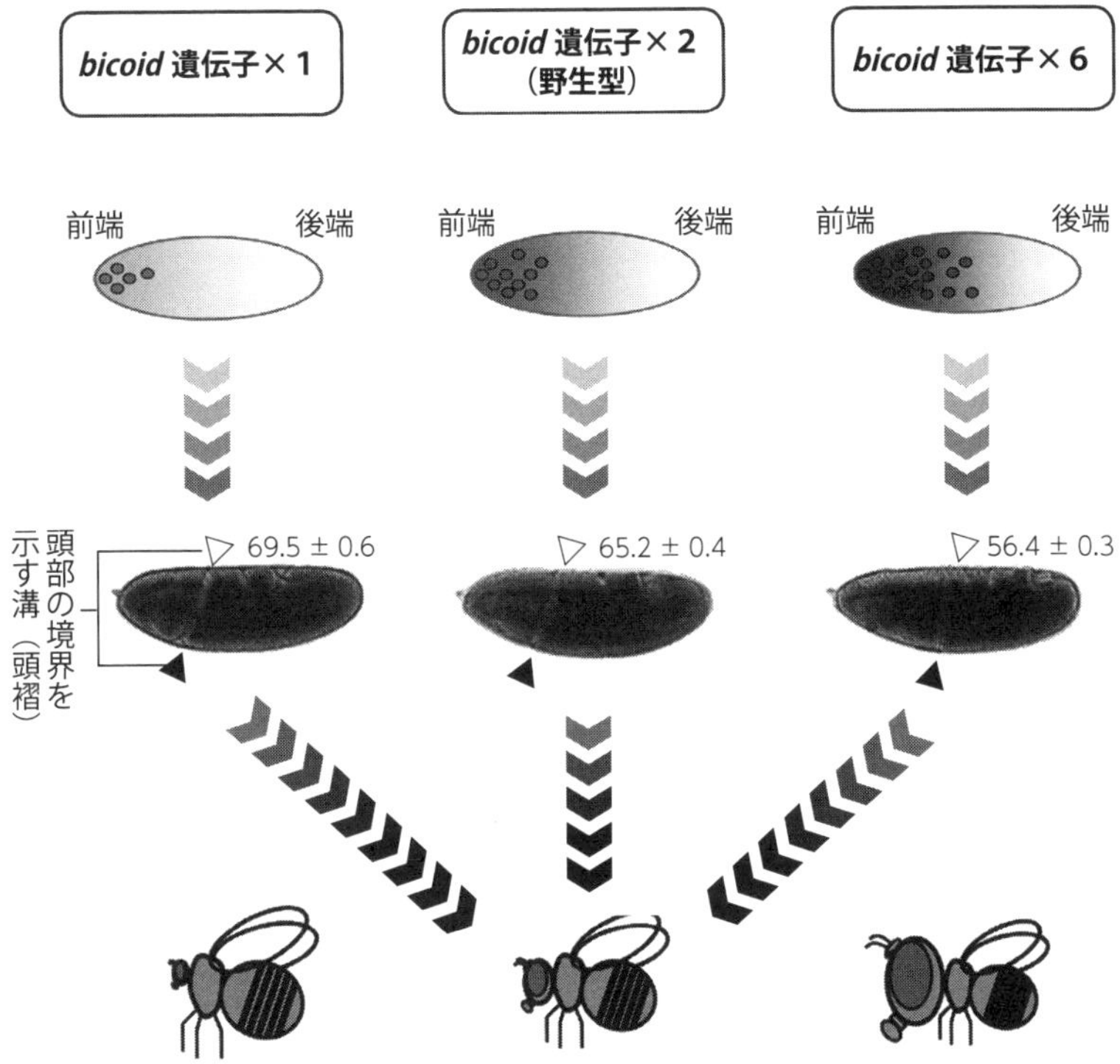

図 1.　ショウジョウバエのサイズ調節

（Tanaka et al. より）

頭褶（とうしょう）は、頭部の境界を示す胚にできる溝です。野生型（*bicoid* 遺伝子× 2）では、卵の後端から約 65%の位置に頭褶が形成されますが（▲▽で示す）、6 コピーの *bicoid* 遺伝子をもった母親から生まれる胚では、BICOID タンパク質の量が増えたために、56%の位置まで後方に移動します。しかし、こうした胚の頭部の拡張はその後、調節され、成虫は野生型と変わりません。

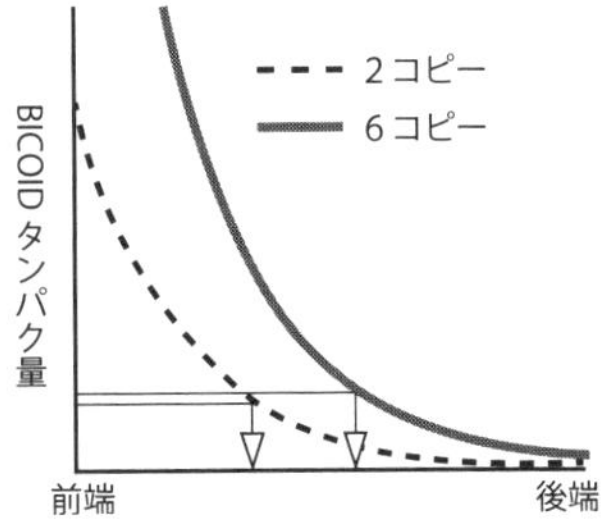

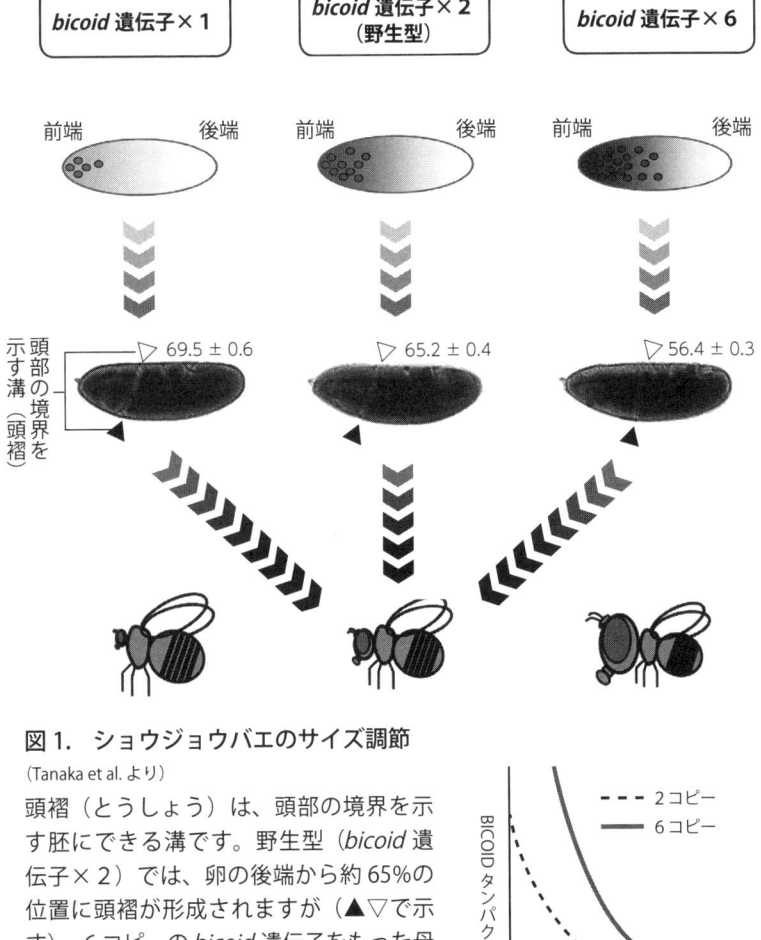

注目を集めています。また、細胞間の接着力や物理的な力もサイズを変えられることが報告されています。しかし私たちはまだ、ショウジョウバエの頭の大きさを自由に変えることはできません。

「もてる」ために装飾を大きくするオスの努力

私の身長があと10センチ高かったらもてた（もっともてた）のかわかりませんが、もてるオスがいること、もてるためにオスが努力を惜しまないことは洋の東西、種を問わないようです。もてるため自分の装飾品をより大きく、りっぱにみせるオス達がいます。ここではふたつの例を紹介しましょう。

最初は頭を大きくしたハエです（**図2**）。こうした異常ともいえるほど誇張された形質はしばしばオスだけにあらわれます。ハンマーヘッドフライ（*Richardia telescopica*）のオスの頭部は、ひしゃくの柄がついたように横に広く、複眼はその柄の先についています（有柄眼、**図3**）。一方で、メスではそんなことはありません。

このようにオスメスで形や色などが異なることを性的二形と呼んでいます。こうした肥大した頭部は、ハエだけをみても20回以上、独立に違う系統（種）で生じたと考えられています。近い親戚でもないのに似たような形質があらわれることを、収斂《しゅうれん》進化とよびますが、これもそ

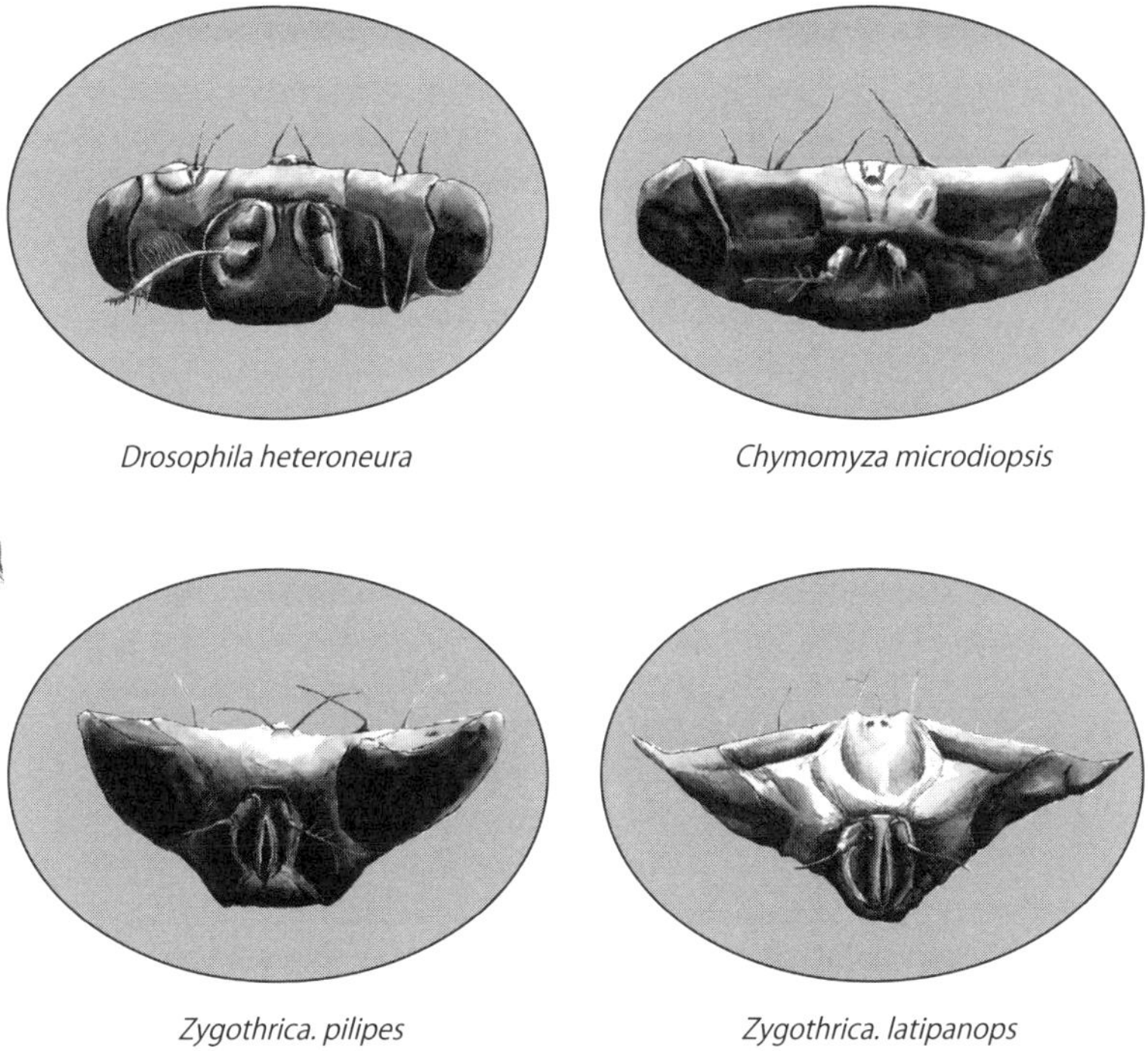

図2．ショウジョウバエ科のオスの頭部の形態

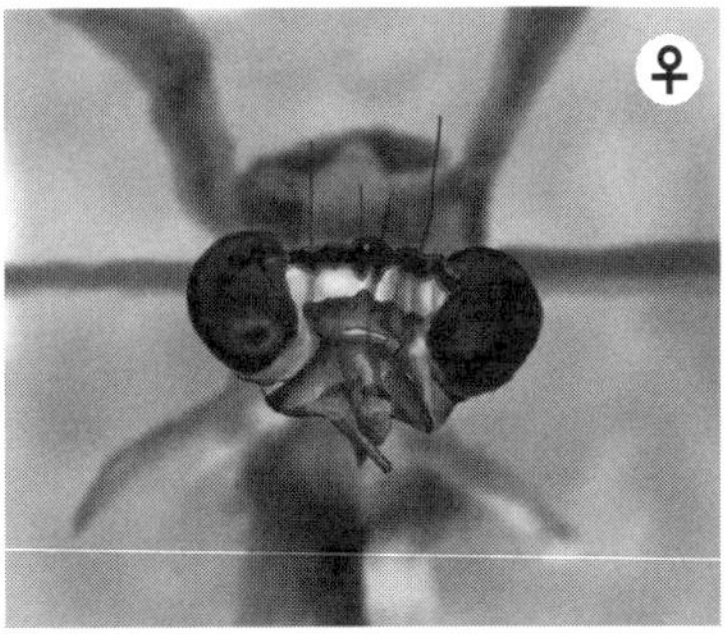

図3．ハンマーヘッドフライ（*Richardia telescopica*）の頭部の形の性的二形

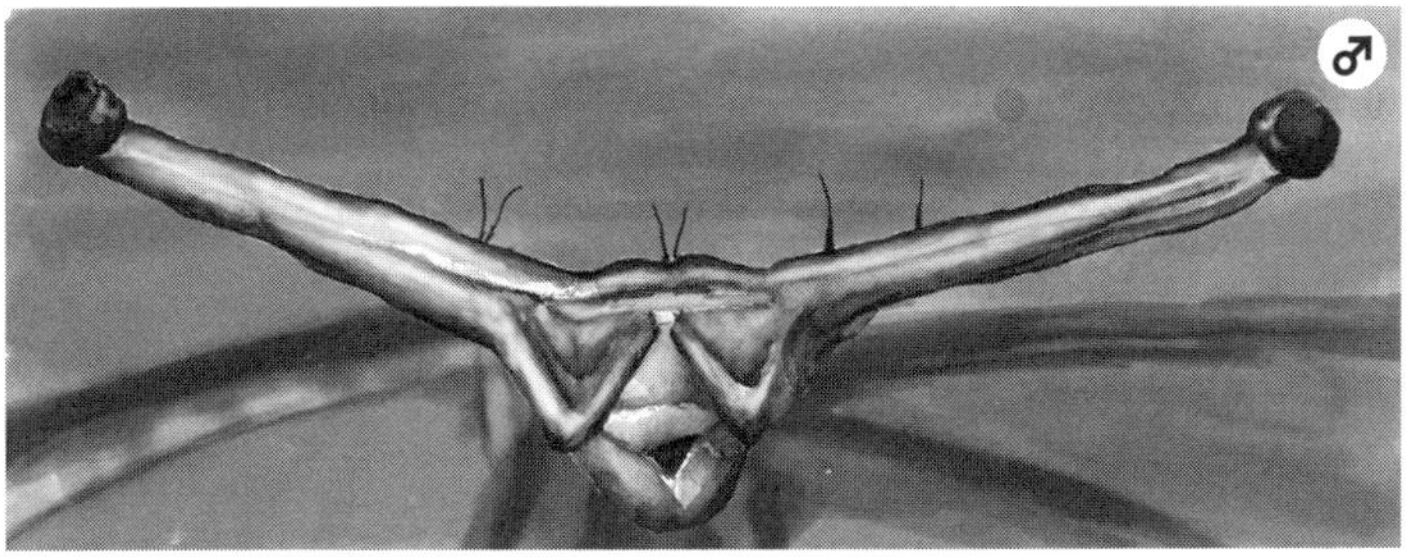

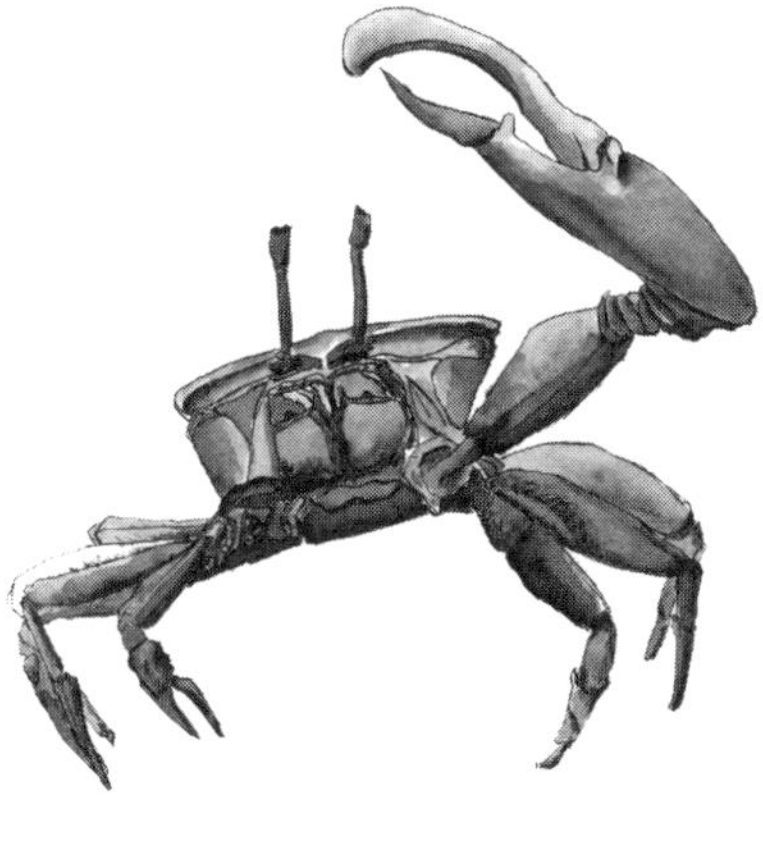

図4．シオマネキのオス

の一例です。

シオマネキのオスは、片方だけが極端に大きくなったハサミ脚をもちます（**図4**）。これを振りかざし、メスに求愛します。この装飾品は大きければ大きいほどよいようです。しかし、あまりに大きすぎてハサミ脚本来の機能、餌を口に運ぶことには役立ちません。食べるのは、もう一方の大きくならないハサミ脚をつかいます。

ここでは脚の左右対称性のルールが破られているわけです。一方はできるだけ大きく、しかしもう一方は本来のサイズを守る、これがシオマネキのオスの戦略です。進化上、どのような変化がこれを可能にしたのでしょうか？　ルールの破り方を知ることは、ルールそのものの理解を深めることにもなるはずです。

「もてる」ための努力と好みの進化

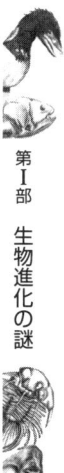

こうしたオスの特徴は、どのような力が働いて速く進化しているのでしょうか？　進化の駆動力として、自然選択、性選択、遺伝的浮動が考えられます。遺伝的浮動は、国立遺伝学研究所の故木村資生《もとお》博士によって提唱された「分子進化の中立説」の根幹をなすものです。この説では、進化が偶然に大きく左右されると説いています。しかしハンマーヘッドフライの頭の形が、たまたま生じたとはとても考えられそうにありません。実際、有柄眼《ゆうへいがん》のハエは両目の間隔

が狭いハエとくらべ飛翔能力で劣っていて、高いコストを払っています。なにかよいことがあるに違いありません。そこで自然選択、性選択が注目されることになります。

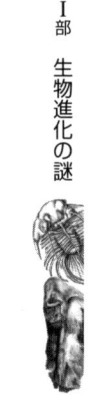

　自然選択は生存や、より多くの子孫を残すための個体間の競争をあらわします。性選択は、つがいの相手を得るための同性間の競争を意味しています。とくに、ハエの有柄眼やシオマネキのハサミ脚の進化では、性選択は重要です。誇張された形質は種間で違っているだけでなく、同一の種内でも違いが認められます。そして眼の間隔が広いオスがメスに好まれる傾向があります。直接、生存や繁殖に必要ではないですが、メスに好かれたいためにオスはこうした装飾で身を飾るのです。「りっぱ」な装飾品を発達させる機構を、遺伝子や分子のレベルで解明されるのも、そう遠くないかもしれません。

　ところで、なぜメスは、両目の間隔が広いオスやハサミ脚が大きいオスを好むようになったのでしょうか?　メスにとってこうした形質は、見合い相手の年収や家柄のように、オスの資質を測る指標であると考えられています。ハンデを背負っても大きな頭、ハサミを発達させたオスは「優秀」と認められるのです。たで食う虫も好き好きと、もてない男性を慰めてくれる言葉はありますが、実際の虫の世界はそれほどやさしくはありません。では、なぜ頭の大きさがメスの気をひくようになったのでしょうか?

　オスの肥大した頭と大きな頭を好むメス、形の変化と好みがともに手をたずさえて進化した結果のはずですが、好みがどのようにして形成され、どのように進化するのか、「もてるタイプ」の進化遺伝学はこれからの学問分野です。これが理解できるようになれば、身長を10センチ伸ばすよりも、もっと効果的なもて方指南もできるようになるやもしれません。

第2章

「移動する遺伝子」の謎

なぜゲノムには多くの「がらくたDNA」があるのか？

シロイヌナズナ

筆者：角谷徹仁

「遺伝子のON/OFF情報が塩基配列以外の形で継承される「エピジェネティック」な遺伝現象とその制御機構を、シロイヌナズナという植物を用いて研究している。」

トランスポゾンはゲノムの主要な構成成分である

生物の遺伝情報は、染色体に書き込まれています。書き込むさいの文字に相当するのが4種類の塩基で、これが染色体の端から端まで連なっています。このような遺伝情報の1セットを「ゲノム」とよびます。それぞれの生物種に対応して1セットのゲノムがあることになります。

この10年間で、ヒトをはじめとして、多くの生物でゲノムの全塩基配列情報が解読されてきています。その結果わかってき

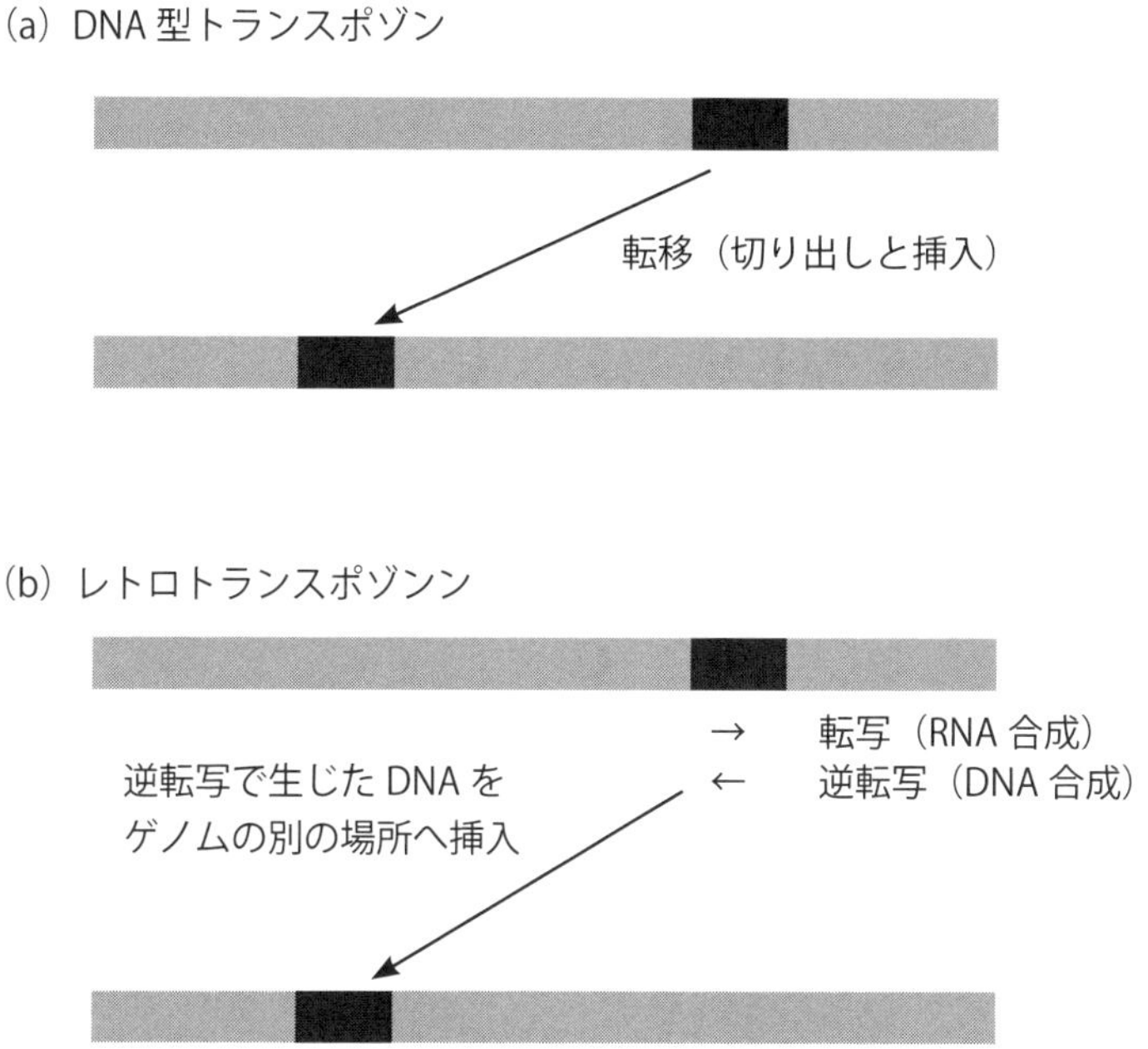

図1

(a)

トランスポゾンの転移。ゲノムの特定の場所にあった配列が切り出され、別の場所へ移ります。切り出しや挿入は、転移酵素とよばれる酵素がおこないます。

(b)

レトロトランスポゾンは、もとの場所の DNA 配列を鋳型とした転写によって RNA ができた後、これを鋳型として DNA を合成する反応（逆転写とよばれる）がおこり、この新たにできた DNA がゲノム中の別の場所に入ることにより転移が成立します。もとの配列が残りますので、どんどん増殖できます。

た意外な事実は、ゲノムの中には「トランスポゾン」と総称される一連の配列が、くり返しあらわれることです。たとえば、トウモロコシのゲノムのうちの9割近くは、トランスポゾン配列のくり返しです。また、ヒトのゲノムでも、少なくとも4割がトランスポゾン由来の配列とみつもられています。それではトランスポゾンとはどのような配列で、どのような経緯でこれほどたくさんゲノム中に含まれるようになったのでしょうか？

　前述のように、遺伝情報は塩基配列の形で、染色体の端から端までのひとつづきの情報となっています。この一部で、たとえば数千の塩基配列に相当するＤＮＡが、ゲノムのほかの場所に入り込むことがあります（**図1**）。このような性質をもつ配列がトランスポゾンとよばれます。トランスポゾンは、染色体の上を「移動する遺伝子」ともいえます。トランスポゾンは、トウモロコシの遺伝学者であるバーバラ・マクリントックが最初に発見しました（**図2**）。

　彼女は、一連の綿密に設計された遺伝学実験と、注意深い染色体観察によって、ある遺伝子が別の場所に移りうることを、１９４０年代に発見しました。この時期には、ＤＮＡの二重らせん構造もまだ発見されていなかったことを考えると、彼女の洞察力には驚かされます。この時期の彼女の研究論文は、緻密な論理と驚くべき結論から、推理小説にたとえられることもあります。

　トランスポゾンの配列が新しい場所にあらわれる現象を、「転移（トランスポジション）」とよびます。「転移」という日本語は、がん細胞の転移とまぎらわしいかもしれませんが、トランスポゾンの転移は、ＤＮＡの断片が染色体中の新たな場所に入りこむという、まったく別の現象です。

トランスポゾンの転移には、もとの場所の情報が消えて、新しい場所にあらわれる「cut-and-paste（カット・アンド・ペースト）」タイプのものと、もとの場所の情報を残したままで新しい場所に現れる「copy-and-paste（コピー・アンド・ペースト）」タイプのものがあります。後者のトランスポゾンは、「レトロトランスポゾン」とよばれます。もとのコピーは残ったままなので、新しく入り込んだぶんだけコピー数が増えることになります（図1）。

図2．バーバラ・マクリントック
トウモロコシの遺伝学と染色体観察を組み合わせることで、「移動する遺伝子」トランスポゾンだけでなく、減数分裂期における染色体の組み換え、発生にともなうテロメア形成能の変化など、多くの重要な発見をしました。

利己的ＤＮＡ

なぜトランスポゾン配列のくり返しが、ゲノムの大部分をしめているのでしょうか？　何か役にたっているのでしょうか？　じつは、トランスポゾンが転移すると、むしろ有害な効果のある場合が多いと考えられます。転移によってトランスポゾンが特定の遺伝子の中に飛びこむと、その遺伝子の機能が阻害される場合があります。このような変化は、その大部分が生物にとって有害と考えられます。

　これほど多くのトランスポゾンがゲノム中に存在する理由として、一番もっともらしいのは、ゲノム中で増殖する性質をもっている配列は、役にたたない配列でも増えていくというものです。ふつう、生物の進化においては、より「役にたつ」ように進化した遺伝子配列が、子孫に受け継がれ、生き残ります。これは「役に立つ」ことによって、その配列をもった個体の生存や繁殖の機会が増えるため、その配列自体が継承されていくためと解釈できます。つまり、「ある配列の遺伝子が子孫に伝わる効率」が「その遺伝子をもつ個体が子孫を残す効率」と同じことになります。これは、個体と遺伝子とで利害が一致するという、健全な関係です。

　一方で、たとえば、ゲノム中で2コピーに増えたトランスポゾンは、どのように子孫に伝わるでしょうか？　おおざっぱには、「2倍に増えたトランスポゾンの伝わる効率」は、「そのトランスポゾンをもつ個体の生き残る効率」の2倍になります。つまり、それほど役にたたない配列でも（あるいは多少害のある配列でも）、増殖さえすれば、生物集団中に残り、さらにコピー数を増やしていく場合があることが予想できます。

役にたっているように思えないので、「ジャンク（がらくた）」ＤＮＡとよばれることもあります。また、トランスポゾンはゲノムに寄生してコピー数を増やすことから、「利己的」ＤＮＡとよばれることもあります。ヒトを含む脊椎動物や多くの植物では、ゲノムの大部分がこのような危険なＤＮＡで構成されていることになります。

大部分のトランスポゾンはエピジェネティックな機構によって眠っている

ヒトのゲノムは、このように危険なトランスポゾンをたくさん含みますが、一方で、自然におきるヒトの突然変異のうちで、トランスポゾンが原因のものはそれほど多くありません。じつは、ヒトのゲノムに含まれるトランスポゾンの大部分は、その活性がない状態なのです。ヒトだけでなく、多くの生物はトランスポゾンを抑制する機構をもっています。

たとえば植物では、トランスポゾンの大部分で、ＤＮＡ上の4種類の塩基のうちのシトシン（Ｃ）の多くにメチル基がついていることがわかっています。このＤＮＡのメチル化が、トランスポゾンを眠らせるのに重要であることがわかってきました。

私たちは、シロイヌナズナという植物を材料に遺伝学研究をおこなっています。この植物の突然変異体のひとつで、*ddm1* (decrease in DNA methylation) とよばれるものでは、トランスポゾンのシトシンメチル化が低下します。また、*ddm1* 突然変異体では、さまざまな発生異常が生じます（**図3**）。これらの発生異常に注目し、その原因を遺伝学的に調べたところ、さ

正常な
シロイヌナズナ

発生異常をもつ
シロイヌナズナ

図3． DNA のメチル化が減少するシロイヌナズナの突然変異体である *ddm1* では、さまざまな発生異常が観察されます。このような形の変化の原因は、レトロトランスポゾンが遺伝子を壊していたせいであることが、遺伝解析によってわかりました。ここでみつかったレトロトランスポゾンをはじめとして、多くのレトロトランスポゾンが、DNA メチル化の減少した条件下でさかんに増殖します。

まざまなトランスポゾンがこの突然変異体で爆発的に増殖していることがわかりました。トランスポゾンをメチル化している系統では、これらのトランスポゾンは、抑制されたままで転移しませんでした。その後の一連の研究によって、多くのシロイヌナズナのトランスポゾンが、ＤＮＡメチル化に依存した機構で眠っていることがわかりました。これと似た機構が哺乳類でも働いていることがわかっています。

このように、ＤＮＡのメチル化は、トランスポゾンがＯＮかＯＦＦかを制御しています。興味深いことに、このようなＯＮ／ＯＦＦの情報が、塩基配列に依存しない形で細胞分裂後まで継承されます。このような情報（塩基配列に依存しない形で細胞分裂後まで継承される情報）は、「エピジェネティック」な情報と総称されます。大部分のトランスポゾンは、ＤＮＡメチル化のような、エピジェネティックな目印がつくことによって、抑制されています。

遺伝子とトランスポゾンはどのように区別されるのか?

前述のように、植物のゲノムではトランスポゾンの配列がメチル化されており、これによって、むやみにトランスポゾンが増殖するのが抑えられています。一方で、通常の遺伝子が働くためには、メチル化されないことが必要です。植物がトランスポゾンをメチル化して、通常の遺伝子をメチル化しないということは、何らかの機構でこの両者を区別していると考えられます。しかしながら、この機構がまだわかっていないのです。

ひとつのヒントは、アカパンカビの研究です。オレゴン大学のエリック・セルカー博士のグループによって、アカパンカビはゲノム中に似た配列があらわれると、そこに突然変異をおこし、また、ＤＮＡをメチル化するという機構をもっていることが発見されました。これがトランスポゾンの防御に働いている可能性があります。実際に、アカパンカビのゲノム中でメチル化されている領域を調べると、その大部分がトランスポゾン由来の配列であることがわかりました。つまり、ゲノム中に似た配列が存在しえないようにすることで、トランスポゾンを排除しているようです。これは、たいへん有効な仕組みと思われます。

しかしながら、よいことばかりではありません。アカパンカビのゲノムは、「ジーンファミリー」とよばれる、似た配列の遺伝子群を維持できません。ジーンファミリーはヒトをはじめ、多くの生物がもっています。おそらく、もとはひとつの遺伝子だったものが、まず重複し、その後、もとの遺伝子と違う働きをもつことができるように進化したと考えられます。このような遺伝子の重複と機能分化は、生物進化の大きな原動力のひとつです。アカパンカビは、これを犠牲にしても、重複配列を排除しているようです。

植物や脊椎動物は、重複した配列を維持することで、遺伝子機能の多様化を達成しています。一方で、トランスポゾンからゲノムを防御するために、ＤＮＡのメチル化を活用しています。重複した配列に突然変異は入れずに、ＤＮＡメチル化で眠らせる仕組みをもっているようです。

ただし前述のように、この重要な仕組みの詳細は未解明です。

役にたつトランスポゾン？

「利己的ＤＮＡ」という説明の中で、ヒトをはじめ、多くの生物のゲノムにトランスポゾンが多量に含まれることを説明できます。私も、この説明でトランスポゾンの存在理由の大部分が説明できると考えます。ただし、たとえこの説明が正しいとしても、トランスポゾン由来と思われる配列の中には、実際に役にたっているように思えるものがいくつかみつかっています。

たとえば、東京医科歯科大学の石野史敏博士のグループが哺乳類で発見したPeg10という配列は、たいへん興味深い例です。Peg10配列はレトロトランスポゾン由来と思われる配列で、ヒトをはじめ多くの哺乳類にみつかります。マウスでこのPeg10配列を壊すと、発生の初期に死んでしまいます。これは胎盤の発生に障害がおこるせいでした。このレトロトランスポゾン由来の配列が、胎盤形成という、哺乳類の発生の重要なステップに働いていると示唆されます。また、石野博士のグループは、このような胎盤発生に関与するレトロトランスポゾン由来の配列を、ほかにもみつけています。

興味深いことに、これらの配列は、前述の「ＤＮＡのメチル化」という機構でその働きをコントロールされていることがわかっています。トランスポゾンと、それを眠らせる機構である

ＤＮＡメチル化の相互作用が、胎盤形成という重要な働きをになうように進化したと考えられます。

さらに、一般的には、微生物や動物や植物を含め、多くの生物の染色体には反復配列が集中して存在する場所があります。たとえば、動原体（細胞分裂時、染色体に紡錘糸が結合する部位）やテロメア（染色体の端）は、たくさんの反復配列をもっていることが多いです。また、これらの反復配列の中には、あきらかにトランスポゾンに由来したものがあります。危険なトランスポゾンですが、染色体の中の機能部位に進化しているものも多いようです。

第3章

多細胞動物の起源の謎

多細胞動物のボディプランはどのように進化してきたのか？

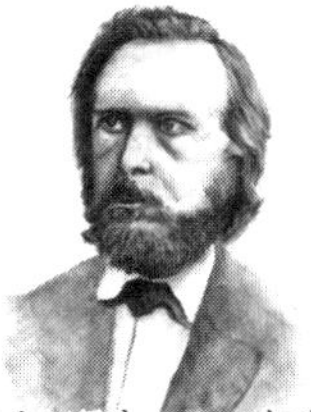
エルンスト・ヘッケル

筆者：清水　裕

「多細胞体制が進化する過程で、各種の生理機能がどのように進化してきたかに興味をもっている。理研の祖、寺田寅彦の懐手式研究法を現代において実践している。」

原始的な多細胞動物は、どのようなボディプランをもっていたのか？

多細胞動物のボディ（体制）の原初の姿を調べるために、その研究材料として、近年、カイメン動物、平板《へいばん》動物が注目されています。しかし、かつてはそれよりも後に生まれた動物、刺胞動物《しほうどうぶつ》（旧腔腸動物《こうちょうどうぶつ》）がもっとも原始的とみられていました。刺胞動物の中でもっともポピュラーなヒドラは、淡水の池や沼、川などに棲息し、その形態的特徴は、口と肛門がいっしょになった単一の開口部とその周囲をとりまく触手からなる頭部、頭部からのびる体幹部、その末端にある足盤《そくばん》部などがあげられます（**図1**）。

生態学の祖といわれるエルンスト・ヘッ

ケルは、原始的な多細胞動物の痕跡が高等動物の発生過程に残っているはずだという視点から、「ガストレア説」という学説を提唱しました。彼は、個体発生の初期にできる盲管状《もうかんじょう》の構造は、原始的なボディプランのなごりだと考え、ヒドラがもつ盲管状の構造に原始の姿がみられると考えたのです。しかし、現代の科学からみて、彼の主張にはいくつかの根本的誤解がみられます。それを指摘することは、多細胞動物誕生の真相を探る上で助けになると思われます。

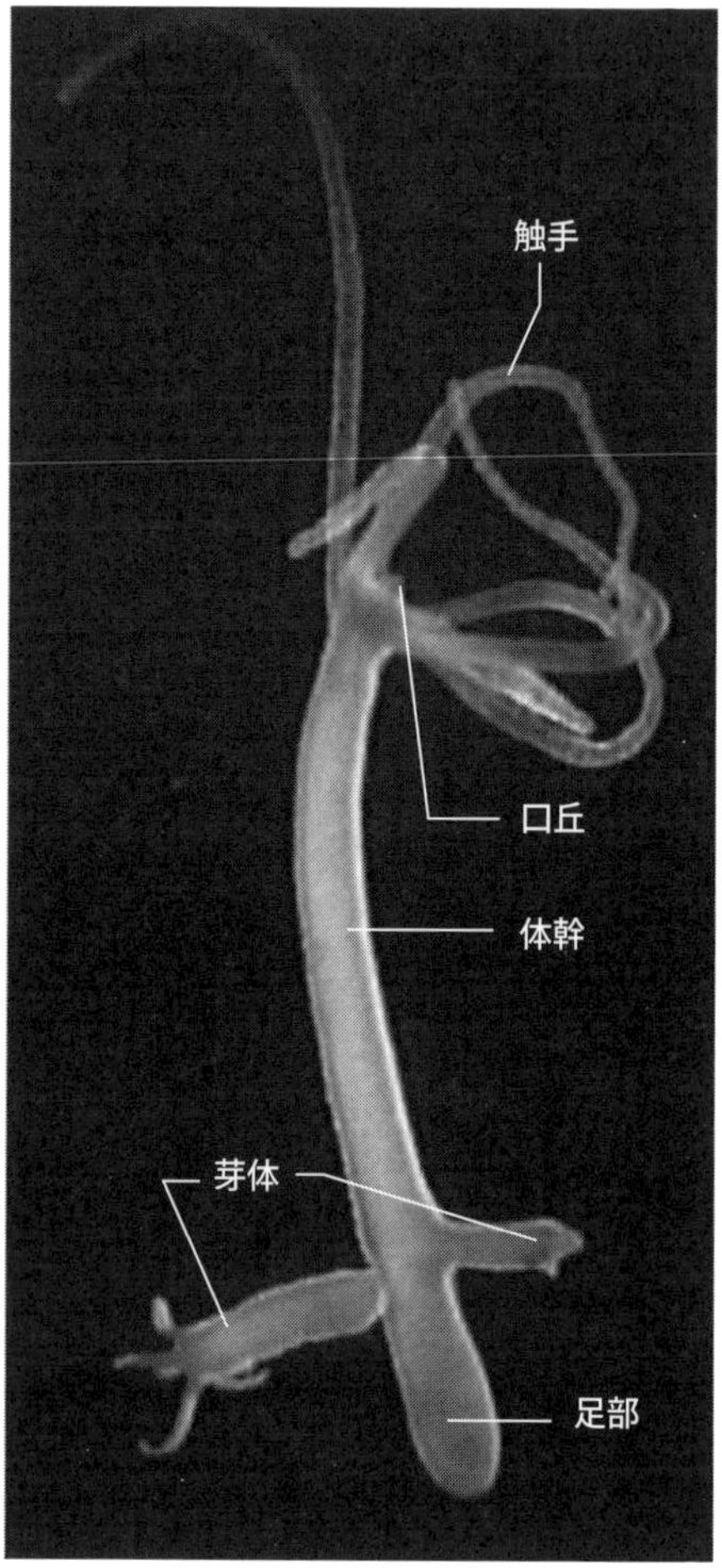

図1．ヒドラの外観
図の上から、餌の捕獲などにもちいる触手、その根元にある口丘、体幹、無性生殖の出芽によって形成された芽体、足部などからなります。

左右相称と放射相称はどっちが先か高等か？

ヒトを含めた高等動物の外見は、例外なく体軸を中心に左右対称な特徴（左右相称性）をもっています。これに対し、刺胞動物は対称軸が無数にある放射相称性をもっています。そのためヘッケルは、進化が放射相称から左右相称へとおこると考えました。

刺胞動物のなかで祖先型である海産の花虫綱《かちゅうこう》に属するイソギンチャクは、外見は放射相称にみえますが、内部構造は左右相称です。一方で、ヒドラは内外ともに放射相称の特徴を有しています。このためヘッケルは、単純な内部構造のヒドラが祖先型で、複雑な内部構造を有するイソギンチャクは後生型だと考えたのです。

しかし、現在では進化系統学や遺伝学的な知見から、イソギンチャクが祖先型であることが明らかになっています。ここに不思議な点があります。多細胞動物の進化全体をながめると、進化は放射相称から左右相称へとおこったとみえるのに対し、刺胞動物内の進化は左右相称から放射相称へとおこっているのです。この矛盾はどう考えればいいのでしょう。

その真相はまだ明らかではありません。ただ、高い可能性は、刺胞動物が多細胞動物の共通祖先から分かれた頃、その祖先がすでに左右相称性をもっていたというものです。そして、刺胞動物が海底などに付着し直立して生活するようになったとき、底を這《は》い回るのに適している左右相称性が不要となって退化し、ヒドラのような完全な放射相称の生き物ができたという可能性が考えられます。

刺胞動物のボディプランが盲管だというのは本当か？

ヘッケルのガストレア説の根拠である、ヒドラのボディプランが盲管という単一の開口部しかない構造だという点ですが、これは明確な誤りです。私は最近の研究から、ヒドラのボディプランが厳密には盲管でなく、高等動物と同様にチューブ状であることを示す結果を報告しました（厳密には古い観察で忘れられていた観察の再評価ですが）。

ヒドラの口の反対側にある足盤は吸着機能をもっていますが、この組織の中心部に潜在的な開口部があります。この開口部は明確な機能をもたないものの、体軸にそった遺伝子の発現パターンからみると、この構造は高等動物の口と共通起源である可能性が考えられました（**図2**）。

ということは、ヒドラで口とよんでいる構造は、高等動物の肛門と共通起源ということになります。足盤の中央部における開口部の存在は、イソギンチャクでも確認されています。さらに、刺胞動物よりも原始的とされる有櫛動物《ゆうしつどうぶつ》には、口の反対側に外部に通じる開口部があり、消化した後の老廃物の一部はそこから排出されます。

このように考えると、原始的多細胞動物のボディプランの基本が盲管状だと断定するのはい

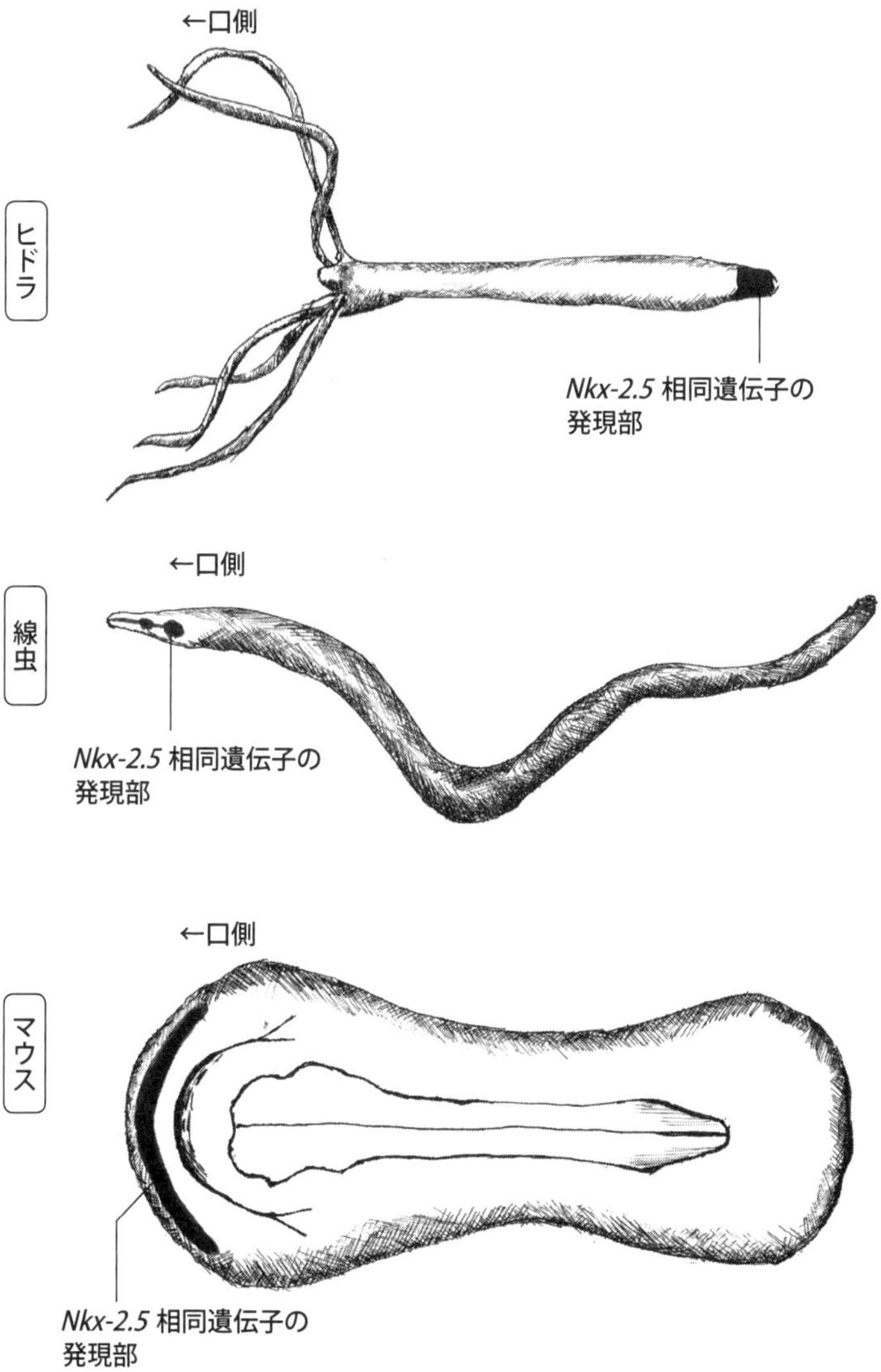

図 2．ヒドラ、線虫、マウス初期胚における *Nkx-2.5* 相同遺伝子の発現　ヒドラ以外の動物では口側に *Nkx-2.5* が発現するのに対し、ヒドラだけが口と反対側に発現がみられます。

ささか早計であり、高等動物と同様なチューブ状から盲管状の構造が二次的に生じた可能性が考えられるのです（カイメンの形はつぼ形ですが、カイメンは体壁を海水の透過により生活の糧を得ている濾《ろ》過《か》摂食動物であり、盲管状ときめつけるのには問題があります）。

ではチューブになる以前はどうだったのか？ ヘッケルから離れ、次のプラキュラ仮説にその手がかりをみいだそうと思います。

プラキュラ仮説――多細胞動物は平面的なシートからスタートした？

平板動物は最近になって種が同定され、飼育が可能になった新顔です。刺胞動物と同様に2胚葉性で、2層の細胞からなるシート状の組織からなり、海底に這って生活しますが、そのさまは、海底に沈んだ不細工なかたちのクレープのようです（**図3**）。

2層の細胞の中で底に面した細胞層だけが消化吸収能力を有しており、海底に堆積した栄養物をとり入れて消化します。進化的に刺胞動物よりも原始的であることがわかっています。また、6億年くらい前の化石を含むエディアカラ化石群（遠い過去に絶滅しその子孫は現存しません）にこの動物と似た構造の動物化石がみられることから、多細胞動物の原初の姿に近いと考えられています。では、シート状の生物が、なぜ高等動物の祖先たり得るのでしょうか？

平板動物は栄養分をとり入れる際、一時的にシートのふちの部分が収縮します。すると、中

図3．平板動物（プラコゾア）の外見　2相の細胞からなる変わった体制のため、内外の区別がありません。

心部が盛り上がり袋のような形をつくることがあります。プラキュラ仮説では、このかたちが固定化してそのまま盲管状の構造へと発展したと考えるのです。

この説に呼応するかのように、シートのふちで発現する*Trox-2*という遺伝子がみつかりました。これは*Hox-2*遺伝子と相同性がみられることからつけられた名前ですが、*Hox-2*は動物の中で口側の端で発現する傾向がみとめられます。だとすると、この盲管の開口部は高等動物の口と共通起源ということになります。しかし、この仮説には大きな問題があるのです。

この動物の前側に生じる口に対し、刺胞動物の口とよぶ構造は、先にも述べたように、系統進化学的には肛門と共通起源であり、両者には共通性がみとめられません。またプラキュラ仮説はこの口が刺胞動物の口へと進化し、盲管状構造がヒドラの盲管へと進化したと主張するわけですが、刺胞動物のボディプランの基本は盲管でないのはすでに述べたとおりです。

Trox-2 を発見した研究者にこの点をただすと、彼は、*Hox* 遺伝子群は原始的な多細胞動物では多様な役割を果たす可能性のあることを指摘し、*Trox-2* と *Hox-2* が必ずしも相同な遺伝子ではない可能性もあるという弱気なコメントを寄せています。では、このプラキュラ仮説は完全な誤りかというと救いもあります。このシート状の動物が壺でなく八つ橋のように巻かれてチューブ状になったという可能性はないでしょうか。

縦襟鞭毛虫《たてえりべんもうちゅう》は多細胞動物の祖先か?

刺胞動物はいろいろな意味で原始的ですが、神経系をもち、消化機能、循環機能などの生理機能、体軸にそった遺伝子発現など高等動物と多くの共通点をもっています。これに対し、現存の多細胞動物でもっとも原始的といわれるカイメン動物では、神経や筋組織、ギャップ結合など多細胞動物に特徴的な組織、構造が欠けています。

コアノサイトとよばれる細胞は、海水中からフィルターのようにして栄養分を捕獲しますが、このコアノサイトと単細胞動物である縦襟鞭毛虫は、その構造などが非常に似ています。このため、縦襟鞭毛虫が集団化して多細胞動物へと進化したという可能性が考えられています。
この仮説では、祖先にあたる動物が架空のものでなく現存するので、遺伝子レベルで可能性を検証できるという非常に大きな利点および魅力があります。この観点から、実際にカイメンと縦襟鞭毛虫の双方でゲノム解析がおこなわれており、両者に共通に存在する遺伝子がみつかっています。

しかし、この仮説にも重大な欠点があります。ミトコンドリアは、かつてαプロテオ細菌が真核細胞に共生した結果、細胞内小器官となったとされていますが、縦襟鞭毛虫が原始的なカイメンに共生して現在のようなボディを形づくった可能性も否定できません。

このように、縦襟鞭毛虫起源説はその基盤が非常にもろいといえます。たしかにカイメンの活力の根源は襟細胞の鞭毛の運動がおこす水流であり、それがほかの動物由来だという可能性は低いですが、決して無視できるものではありません。また最近、コアノサイトと縦襟鞭毛虫の微細構造が巨視的構造ほどには似ていないという事実も明らかにされたようで、今後の議論の推移が注目されます。

多細胞動物の出現は何億年前か?

原始的な多細胞動物がどのようなものであったかと同様に、多細胞動物がそもそもどのくらい前に誕生したのかも論争の的です。というのは、古生物学者と遺伝学者の主張が真っ向から対立しているからです。

古生物学はあくまで実証主義であり、エディアカラ化石群が発見された化石年代をもとに、６～７億年前が多細胞動物の出現時期だと主張します。一方、遺伝学者は遺伝子の進化速度から12億年前と主張し、２倍近いひらきがあるのです。生物が這いまわったあとが化石化した「生痕化石」でも12億年前という報告がありますが、古生物学者は単なる非生物的物理現象（たとえばひび割れ）だという可能性を主張します。

そこでひとつの判断材料として注目されるのが、細胞外マトリックス（ＥＣＭ）です。コラーゲンをはじめとした細胞外マトリックスは、下等な無脊椎動物では細胞間接着の仲介者として重要な役割を果たします。このため、進化の初期において、細胞間の接着する仕組みが未発達であった単細胞動物どうしがＥＣＭの仲介で細胞集合体をつくるようになり、これが多細胞動物の発端となったという可能性が考えられるのです。では、コラーゲンはどのくらい前から地球上に存在したのでしょうか？

コラーゲンができるために必要な酸素濃度は、約１％です。古代の大気中の酸素濃度は、およそ20億年前に１％をこえたとされています。すると、12億年前というのは「コラーゲンの助けを借りたかたちでの」多細胞動物出現にとって困難な時期ではありません。

これに対し、１９９０年代に登場した「スノーボール地球仮説」（６～８億年前の地球全体がほぼ凍結状態だったという説）によれば、動物の生存にとって非常に過酷な状況が2億年もつづいたとされています。古生物学の立場からすれば、スノーボール地球の終末期のエディアカラ化石群の時代が多細胞動物の幕開けだとなるわけですが、それらの化石の発見場所は大陸プレートの運動をさかのぼると、およそ7億年前の赤道付近に集中する傾向があるようです。

このことから、全球凍結ではなく、赤道付近だけはある程度温暖な気候が存在し、多細胞動物が生きながらえていた可能性は充分考えられます。スノーボール地球仮説の提唱者もその可能性をみとめています。

では仮に、12億年前に多細胞動物が誕生したとして、生痕化石でなく動物そのものが化石として残っている可能性はないのでしょうか？　化石の専門家によると、理論的には可能だが、実際にみつかる確率は極めて低いといいます。化石を含むかもしれない12億年前以降の堆積岩の大部分は、すでに浸食作用・地殻変動・変成作用によって失われており、たとえ残っていても骨格をもたない組織は柔らかいためにそのまま保存されにくいからです。

12億年前の生痕化石だとするサンプルがみつかっている場所も、這いまわったあとは残っても、動物自体の化石が残るのに適した環境ではなかったようです。ただし、新たな化石の発見によって常識がひっくりかえる可能性はあるとその専門家は指摘します。新たな化石の発見でそれ以前の常識がぶっ飛んだという例は多いのです。

中立的な私の立場からすれば、カンブリア大爆発（５億５０００年前）では、無脊椎動物としては高等な節足動物が爆発的に増えるなど、原始的な多細胞動物の時代はとうに過ぎており、そのたった1億年前がすべての始まりだとするのは、あまりに唐突に思えます。そう考えると、より古くから存在した原初の多細胞動物の大部分は凍結した地球でも赤道付近に棲息し、その付近のシアノバクテリアが生産した酸素を地産地消して、細々と生きのびていた可能性が高いのではないかと考えます。

ただ、もしそうだとすると、現在私たちが化石によって知りうる6億年前までと同じくらいの長さの「古生物学的先史時代」があったということになります。これは非常に夢がある反面、さみしくもあります。宇宙の進化では、すばる望遠鏡を使うと宇宙のごく初期までさかのぼった映像がみられるのに対し、多細胞動物進化では半分ちょっとしかさかのぼれないのですから。

多細胞動物黎明期の状況は結局、まだ多くの謎に包まれています。この謎が完全に解けることはないかもしれませんが、これを探求することは多細胞動物の未来を予見することにもつながります。そして「謎」は私たちに「夢」を提供しつづける知的財産です。夢は大切にしたいものです。

第4章

地球型生物の謎

生命のルーツはなにか？

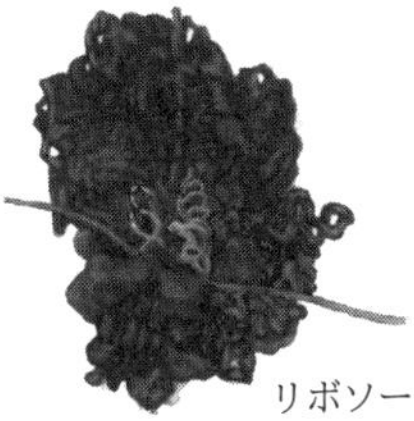

リボソーム

筆者：嶋本伸雄

「以前はRNAポリメラーゼのナノバイオロジーを研究していたが、今は大腸菌の死に方を研究している。けっこう人間の死に方に似ているところがあるのが面白い。」

物質より仕組みこそが生物

地球型生物のルーツはなにか？　これに答えるにはまず、「生物」とは何か、ということをはっきりさせないといけません。多くの人が真っ先に思い浮かべるのは、親から子どもができて、自分と同じものを複製することができる、ということです。しかし、複製するものがすべて生物とは限りません。

たとえば、蚊に刺されたあとにできたカサブタを我慢できずに早めに取ってしまうと、ふたたび出血します。そのあとにできたカサブタは、元のものと似ていても、誰もカサブタが生物とは思いません。カサブタ自身が複製したのではなく、あなたの体がカサブタをつくったものだからです。このカサブタのような「にせ生物」は、短いＤＮＡのかけらからウイルスまで数多くあり、１００％別の生物の力を借りて複製するものです。

このようなにせ生物を区別するために、自分の環境を具合のよいように自力で調節できることが、生物の条件に加えられています。例えば、人間は外界の温度変化に抵抗できるように、体温を一定にする能力をもっています。短いＤＮＡのかけらや多くのウイルスには、そのような能力はありません。

ところが、にせ生物にもいろいろあって、ある程度調節する能力をもつ高度なウイルスがいます。それを生物から除くために、生存に必要なエネルギーをえさから得ることが生物の条件に加えられています。つまり、複製、調節、エネルギーの３つの仕組みが生物であるための条件なのです。

生物は、タンパク質やＤＮＡとよばれる、あまりほかにはない物質をもちます。これらをもつものを生物と考えてもよいでしょうか？　そう考えるわけにはいきません。カサブタもＤＮＡのかけらもウイルスなども、にせ生物も、この物質を含んでいます。

ということは、ここで考えないといけない生物とは、構成している物質というハードウェアよりも、複製、調節、エネルギーの仕組みというソフトウェアこそが、もっと重要だということになります。事実、生物の構成物質をいくら混ぜても、ソフトウェアが働く条件をととのえないと、生物にはならないことが知られています。

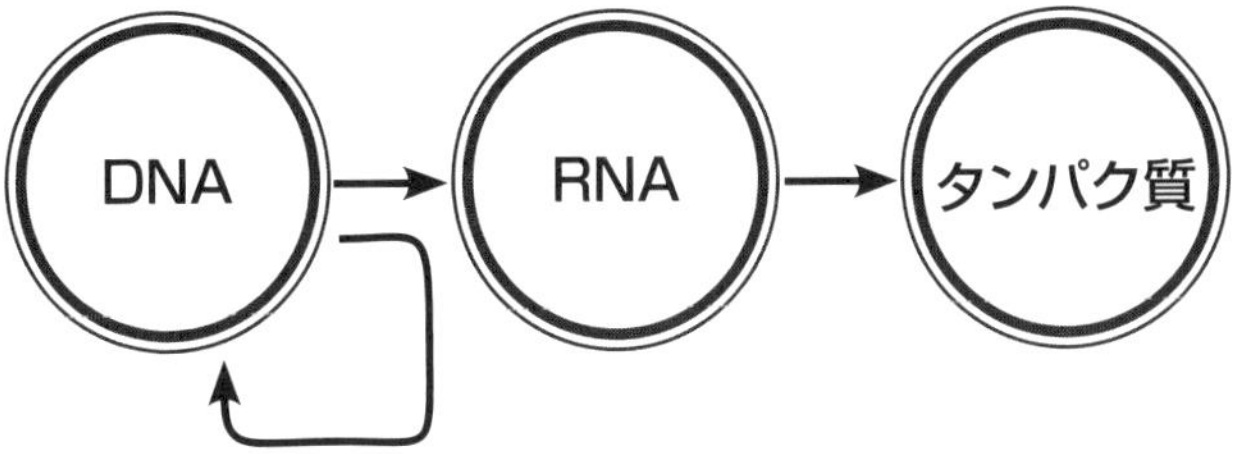

図1．全生物共通の遺伝子 DNA からタンパク質ができる仕組み　この方式は「セントラルドグマ」と呼ばれる。

また、生物特有の物質でも、単純な化合物から放電などの操作で、いろいろなものと混在してできることは古くから知られていますが、そのような混在物は、仕組みとしての生物からはかなり遠いものなのです。つまり、生物のルーツとは、上の３つの条件を満たすようなソフトウェアをもつ物質で、一番最初に登場して、その後の生物のもととなったものです。

このソフトウェアに注目してみると、面白いことがわかります。細菌から動植物まで、さまざまな生物にはすべて、基本的には同じ仕組みがあるのです。例えば、生物の設計図が書いてある遺伝子は、ＤＮＡでできています。ＤＮＡの情報は、どういうわけか、いったんＲＮＡというＤＮＡに似ていますが別の物質に写しとられ、さらにタンパク質というものになります（**図1**）。このタンパク質が、細胞の中で、複製、調節、エネルギーの仕組みを実際に働かしている「酵素」とよばれる物質の主成分なのです。

一例として、**図1**に示したタンパク質が、ＲＮＡに書かれた設計図をもとにできるところを、**図2**に詳しく示しました。と

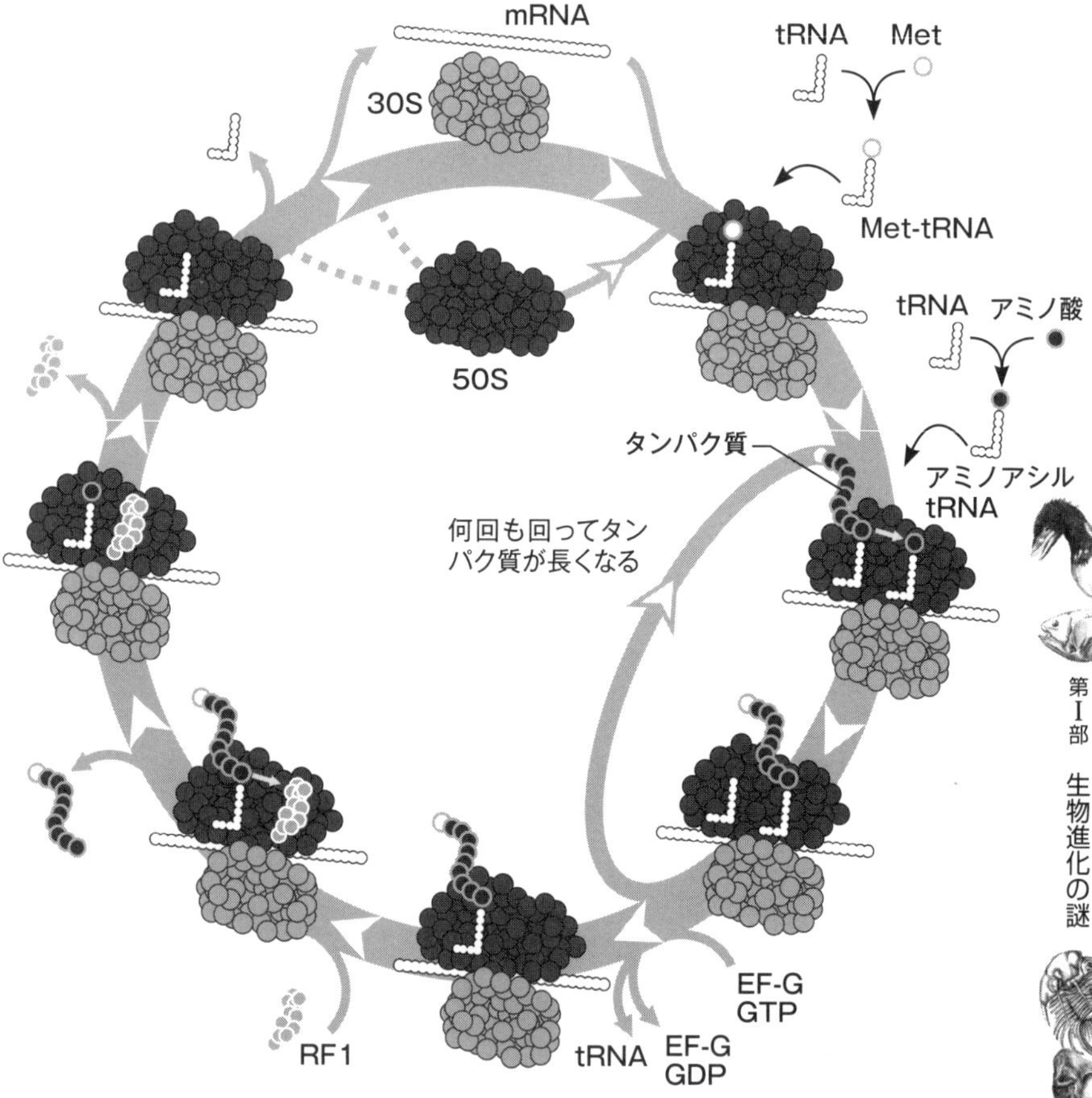

図 2.　共通だがとても複雑な仕組みの例

RNA をもとにしてタンパク質ができる詳しい仕組み。遺伝子 DNA の情報は RNA に移される（最上部の mRNA）。そこにまた別の RNA である tRNA やタンパク質（30S, 50S, EF-G, RF1 など一部のみ表示）やエネルギーを出す反応（GTP → GDP）を利用して、タンパク質は、このようなとんでもなく複雑な経路でアミノ酸がつながってつくられる。部品の名称は生物種により異なるが、全生物がほぼ同じ方式を採用している。この回路の中にも RNA 酵素が隠れていることが最近発見されている。

てもややこしい仕組みで、専門家ですらなかなか覚えられないものなのです。でも、このややこしい仕組みまでが、生物で例外なく使われているのです。このような共通性から、現在残っているさまざまな生物は、共通の祖先をもつと信じられています。もし、共通でなかったなら、**図1**とは別の方式の仕組みも残っていてもよいのに、残っていないからです。

ＲＮＡワールド

実は、いまいったことは、ちょっとだけいい過ぎています。別の仕組みの痕跡は、ひとつだけ残っていました。インフルエンザウイルスのように、遺伝子をもつにせ生物の中には、ＤＮＡではなくＲＮＡで遺伝子をつくっているものがあります。そして、80年代の終わりに、ＲＮＡでできた酵素がみつかりました。

このＲＮＡ酵素の発見は、大変なショックを生物学に与えました。つまり、ＲＮＡは遺伝子にもなるだけでなく、酵素にもなる能力があり、自分自身をつくるＲＮＡ酵素、調節ができるＲＮＡ酵素、エネルギー利用のできるＲＮＡ酵素などが可能なのです。つまり、ＲＮＡだけか、あるいはＲＮＡをもとにしてできるタンパク質が補助的に働いて、生物の条件を満たすことが可能であることがわかったからです。

いままでタンパク質が働きの主役だと思われていたのが、昔はＲＮＡの方が主役であったか

もしれないと考えることができます。RNAだけ、あるいはRNAを主に、タンパク質の助けを借りた生物、あるいは3条件を全部は満たさない生物もどき、そんな時代があったのではないか、という説がしだいに広く受け入れられています。このRNAに始まりRNAに終わる時代を、「RNAワールド」とよんでいます。

RNAはDNAにくらべると、水中では化学的に不安定で、すぐ切れてしまいます。トランプのカードを切るように、素早くRNAが切れたりつながったりすると、長いRNAに書いてある情報はさまざまに変化します。

ビッグバンから生物が生まれた時までの約100億年のどこかの間に、変化したもののひとつがたまたま3条件を満たしたか、満たしかけた、ということを考えることができます。水とRNAとの組み合わせは役にたったのかもしれません。このように地球では、水は生物の誕生に非常に大きな役割を果たしたと多くの人は考えています。でも、水がなかったら生物はできなかったかという問いには、残念ながら答えることはできないのですが。

しかし、RNAワールドのあとになぜDNAが登場したのか、その理由は答えることができます。生物の設計図が大きくなってきたので、水中でより安定なDNAが遺伝子の材料としてもちいられるようになった、と考えることができます。このようにして、**図1**の現在の仕組みが完成したというわけです。

このように、RNAワールドは、RNAだけが先か、RNAとタンパク質が同時に出現して、

さまざまな組み合わせがおこなわれた時に、生物に要求される３つの仕組みがほぼできて、そのあとにＤＮＡが遺伝子専用の記録化合物として遅れてやってきた、という考えです。これが生物のルーツの謎の、いま流行している答え方です。

でも、これは完全な答えではありません。ＲＮＡだけ、どのようにしてできて集まってきたのか？　最初に３条件をパスしたＲＮＡはどんな配列か？　残念ながら、私たちが生物である間に確実な答えを得るみとおしはありません。生物が生まれようとしていた昔の状態がわからないだけでなく、生物の誕生を実証するのには、また何十億年もの時間が必要だからです。

地球型生物は必然か偶然か

前に、変化したＲＮＡのひとつがたまたま３条件を満たしたか、満たしかけた、と書きました。このように、生物の祖先は「偶然」生まれたのでしょうか？　それともできるべくして「必然」的にできたのでしょうか？　実はこの問いは、科学におけるものの考え方にも関係する深い問題なのです。「偶然」の反対の言葉は「必然」と思いがちですが、科学においては、「偶然」と「必然」はビミョーな関係なのです。

サイコロの目の出方は、偶然の代表のように思われますが、いつも同じ目を上にして握り、厳密な正確さで同じようにして転がすことができれば、いつも同じ目が出るはずです。サイコロが偶然にみえるのは、握ったときに何の目が上にあるのか「知らない」から、正確に同じ振り方ができないから、必然が偶然にみえるのです。

この例のように、現代の科学では「偶然」をたどっていくと、「知らない」ことに行き着きます。「知らない」ことには、「現時点では、まだ知らない」こともあれば、「永久に知ることができない」こともあります。このふたつの「知らない」ことを、耳障りよく、可能性といい換えます。また、いくつもの可能性の中からひとつだけ選ばれるのは、科学ではすべて偶然と呼びます。したがって言葉だけでいうと、生物の祖先は偶然生まれた、と信じる科学者は圧倒的に多いのです。

ところが、生物の誕生は一回だけしか過去におこっていないので、「いくつもの可能性」というのは、予感以上のものではなく、可能性かどうかもわかりません。そういうわけで、「偶然か必然か」という問いの科学的に厳密な答えは、偶然といいたい感情を抑えて「わからない」としかいえないのです。

ナノロボットとしての生物の物質

この偶然と必然の問題は、生物のルーツとはすこし違ったところで大論争をおこしました。工学の進歩により、比較的よくわかってきた半導体などのナノの世界での精密な工作が可能になってきました。しかも分子という物質の最小単位で、人間のいうことを聞くナノロボットを工作して、役にたつものをつくらせたい、と考える人が出てくるのは自然なことです。

　ナノロボットをがんばって一台だけ完成させたとしても、実は意味はありません。なぜなら、それでできる物質はあまりに少量で、いつまでたっても役にたつほど貯まらないからです。そこで、ナノロボットが、役にたつ物質をつくるだけでなく、副業で、自分自身もつくるように設計できたとします。すると2倍が4倍というように増えつづけ、目にみえる量の生産が可能になるはずです。

　もしこれが可能ならば、工業や農業の生産の方式は一変するだけでなく、ナノロボット軍隊やナノロボットテロが可能になり、社会が大きく変わってしまいます。ナノロボットの可能性については大論争がおきました。不可能だと反対する意見では、分子の世界の法則には、上に述べた「永久に知ることができない」ことのために、「偶然」をなくすことはできず、人間の命令はいい加減にしか実行されないため、結局役にたたない、というものです。いまも論争はつづいていることからわかるように、現在でもこのナノロボットはできていません。

　よく考えてみると、このナノロボットは生物にとても似ています。「人間の命令どおりに働く」ことを除くと、生物そのものです。酵素という物質は、ナノの世界では、分子ひとつでできた機械として働いています。つまり、ナノロボットの一種と考えることができます。そうすると、生物は多くの数と種類のナノロボットが、互いに調和をとるように働いている集まりだ、と考えることが可能です。ナノロボットをつくろうという人の主流は、半導体や金属をもとにつくることから、生物の使っている物質と仕組みを使おうという風に変わりつつあります。工学者も生物を勉強しなければならない時代なのです。

生物のルーツと物質科学

生物のルーツの謎には、早合点がたくさんあります。まず、「生物」をはっきりさせずに答えようとすると、生物の物質にひきずられて、お門違いの答が出てきます。放電でできるから雷が生物をつくったとか、彗星や隕石に生体物質がみつかったから地球以外の宇宙が地球の生物のルーツであると結論するのは早合点で、しかも、生物の大切な面、仕組み、を無視した答えです。

また、生物でないはずのナノロボットが、実は生物に含まれていたことでわかるように、生物のなかの物質も、生物の外の物質も、変わりなく同じ法則にしたがっていると現代の科学者は考えます。いまのところ、この考えに合わないことは何ひとつみつかっていませんし、現に、物理から生物まで共通の考えで物の世界の謎を解き続けています。

しかし、昔のギリシャや中国の学者は、生物の物質は、生物の外の物質に「生気」という物が加わったものだと考え、何とか「生気」を分離しようとして、失敗をつづけました。「生気」を考えなくとも、生物は理解できることを、最もはっきりと主張したのは分子生物学で、ほんの60年ほど前に始まったものです。この本の謎解きも、自然の仕組みを大切にする分子生物学のこころがけで書かれています。

しかし、いま有力なＲＮＡワールドにしても完全な答えではありませんし、完全な証明も不可能です。ＲＮＡ酵素のような大発見があると、また別の説が出るかもしれません。このような自然に対する謙虚な受け身の態度は、ルーツの謎に得意げに答えるよりも、科学ではもっと大切なことなのです。

第5章

多様性を生みだす進化の謎

求愛行動の進化はどのように新種を生みだすのか？

ダーウィン

筆者：北野　潤

「野外生物、特にトゲウオ科魚類を中心にして多様な環境に適応したり、別種へと分化したりしていく過程について、フィールド調査から分子生物学までを駆使して解明に取り組んでいる。」

現在、世界中には実に多様な生き物がいます。どの種もそれぞれに独自の大きさ、形、色をもっていて、それぞれが示す行動も実にさまざまです。近縁種のあいだや、同じ種のなかにも多様性がみられます。例えば、ヒトはたしかにサルと似てはいますが、体毛が薄かったり尻尾がなかったりするなど、いろいろな点で明らかに異なっています。また、ヒトの中にもいろんな人種や個性がみられます。これら生物の多様性が、どのように自然界で進化してきたのかを明らかにすることが、私たちの研究室の大きな目標です。

私たちが研究している多様性の進化研究というのは、元をたどればその多くは19世紀のダーウィンにいき着きます。ダーウィンは、生物は共通祖先から何度も枝分かれをくり返すことで、現在の多様な生き物たちが生まれてきたという考えを提唱し、その考えは現在では一般に広く受け入れられています。

これは、当たり前のようですが、よくよく考えると不思議なことです。例えば、見知らぬ人も、何万年か何十万年前までさかのぼれば、共通のご先祖様（現存はしていないけれど）をもっているということになります。動物園にいる動物も、何百万年や何千年前までさかのぼれば、私たちと共通の祖先種（現存はしていないけれど）がいることになります。

そこで、私たちの研究室では、大きさ、形、色、行動などの違いを決定し、次世代へと伝える遺伝子の物質的実体であるＤＮＡが、どのように変化することによって、現在の自然界でみられるような多様な生き物を進化させてきたのかを明らかにしたいと考えています。

鎧で身を守るか、逃げ足を速くするか――*Eda* 遺伝子による環境適応

研究に用いる材料は、おもにトゲウオ科の小型魚です。背中に棘《とげ》があることからその名前がついていて、英語での名前もStickleback です（Stickle＝棘、back＝背中）。この棘は、魚が天敵に出会うと起立します。

トゲウオは北方系の魚で冷たい水にしか生息できず、本州の内陸部では冷たい湧水の湧き出る河川にしか生息できないことから、現在は湧水の枯渇などが原因となって、多くは絶滅の危機に瀕しています。そんなトゲウオが研究に適している最大の理由は、見た目は似ていますが微妙に違う仲間（種や集団）が存在していることです。

例えば、トゲウオ科のイトヨという種には、海に生息するイトヨと川に生息するイトヨがいます。これらは見た目は異なっていますが、人工授精させると自由に交配でき、ヒトでいえば人種間のような程度の違いと考えることができるかもしれません。

海に生息しているイトヨでは、鱗《うろこ》の変形した鱗板《りんばん》が体の側面を被っていますが、川に生息しているイトヨにはこれがありません（**図1**）。海には天敵が多い上に隠れ場所が少ないために鎧をもつことが有利である一方、川にはむしろ隠れ場所が多いために重い鎧を無くして、逃げ足を速くする方が有利であると考えられています。

実際、カナダのライムケン博士は、天敵の大型マスがイトヨを食べる様子を詳細に観察し、大型マスがイトヨを口に入れた時に棘が痛いので吐き出すことがある場合から、鱗板があるとその際にマスの歯による傷から身を守ることができ、鱗板をもつイトヨの方がもたないイトヨよりも生存率が高くなるということを確認しています。この原因遺伝子はアメリカのキングスレー博士たちによって *Eda* という遺伝子であると同定されました。

その後、私たちを含むいくつかの研究チームにより、この *Eda* 遺伝子の型が生息環境に

完全型 *Eda* = *AA*

部分型 *Eda* = *Aa*

低形成型 *Eda* = *aa*

図1．*Eda* 遺伝子の型によって、鱗板の有無が決まります。アリザリンレッド試薬でカルシウムを赤く染色（上の写真では、染色されているのは濃い箇所）。

よって異なっていて、この遺伝子の型が変動することで異なる環境へ適応してきたことがわかりました。さらに私たちは、この遺伝子の型が数十年というわずかな期間のあいだに変化することで、鱗板のある個体の数が集団中に急速に広まる例をアメリカの湖でみつけました。この湖では、湖の透明度がこの数十年で急激に増したために、イトヨが天敵のマスからみつかりやすくなり、鱗板を急速に獲得したと考えられました。

日本海に生息する隠れた新種のイトヨ

さて次は、もう少し離れたトゲウオのなかまの話に移りましょう（**図2**）。

イトヨの少し離れたなかまにトミヨ属がいます。トミヨとイトヨは何だか似ていますが、明らかに違う外見をもっています。例えば、背中の棘の数が多い（イトヨは背棘数が3本、トミヨは9～12本）、繁殖期に黒くなる（イトヨは赤くなる）等の異なる特徴をもっています。トミヨとイトヨは交配しても正常な子供をつくれません。これらはヒトとサルくらい離れた関係といえるかもしれません。

面白いことに、イトヨとトミヨの場合には、その中間の種も現存しています。日本には、世界中の他のイトヨとは異なる「日本海イトヨ」が存在することが知られています。この日本海イトヨは、氷河期に何からの地理的要因によって、世界中の他のイトヨとは隔離されたと考

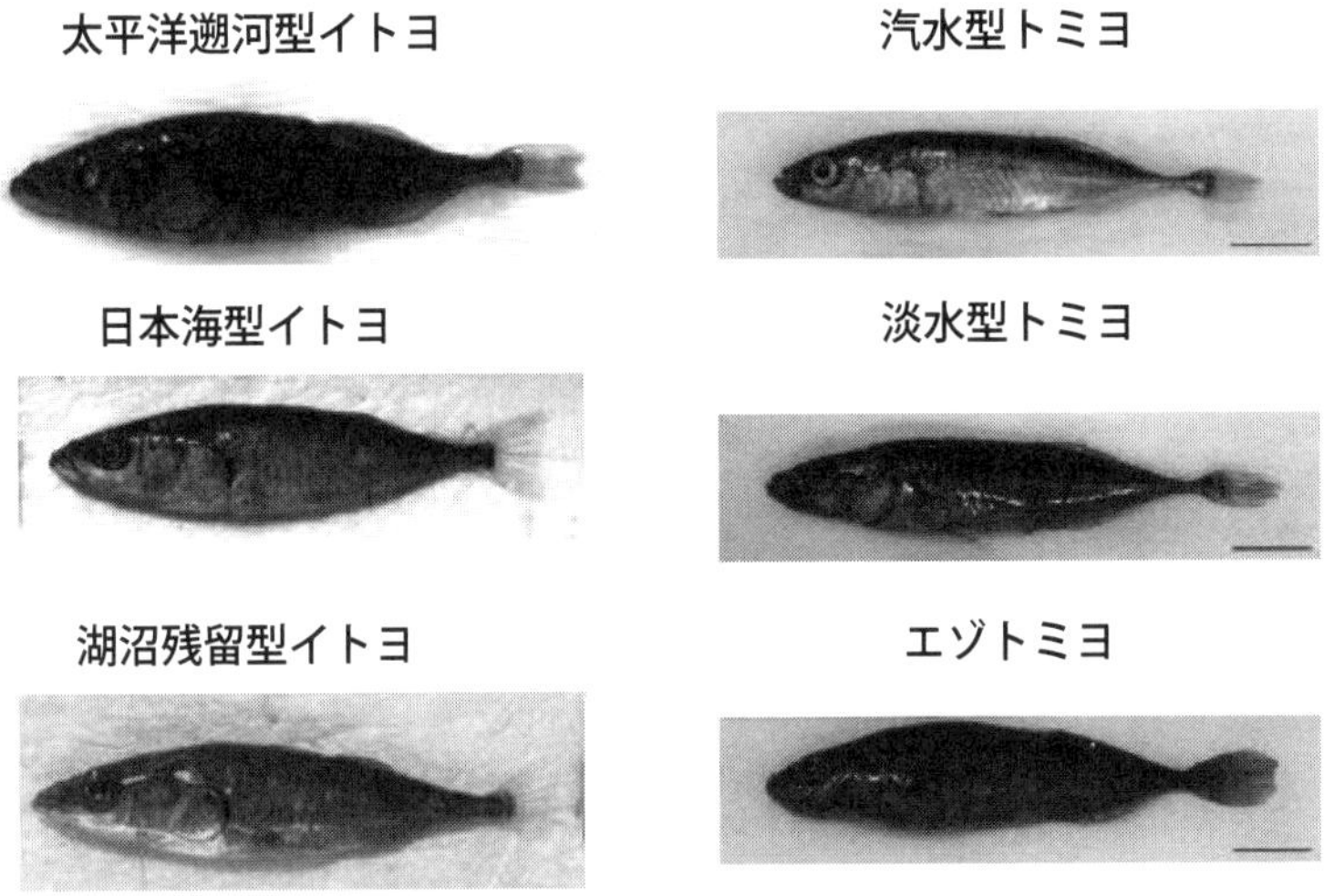

図2．似ているけれども異なるトゲウオ科の魚たち
天敵がいないところでは、棘は起立していません。

えられていて、いわゆる世界中に分布している「イトヨ」と人工的に交配すると、ある特定の組み合わせで交配したときに、雑種のオスが精子をつくれなくなります。

さらに、日本海と太平洋のイトヨは求愛行動も異なっているために、行動学的な理由からも完全に自由な交配はできません。したがって、日本海イトヨは、どのように新種ができるのか、その新種形成の途中過程を理解する上でたいへん貴重な種であるといえます。

求愛行動の進化が新種を生みだす ——「ネオ染色体」による種の進化

私たちは、求愛行動の違いを生み出す遺伝子を探索したところ、原因となる遺伝子が性染色体に乗っているということをみいだしました。性染色体とは、オスになるかメスになるかを決定する染色体ですが、最近の研究によると、性染色体は性を決定するだけではなく、オスに有利でメスに不利な遺伝子や、メスに有利でオスに不利な遺伝子（遺伝専門用語では性的拮抗遺伝子という）も保持していることがわかってきています。

例えば、オスのみがもつY染色体には精巣をつくる遺伝子が乗っていますが、その横にオスらしさ（ヒトでいえば筋肉質など）の遺伝子が乗っているということです。このようなY染色体をもつ個体が有利だったから、そのようなY染色体が進化の過程で残ってきたということが考えられます。したがって、イトヨでもオスの求愛行動の原因遺伝子が性染色体に乗っているのは、もしかしたら、それがイトヨにとって有利だったから進化の過程で残ってきたのかもしれません。

さらに詳しく調べていく過程で、予想外の発見もありました。それは、日本海のイトヨと太平洋のイトヨで性染色体が異なっていることです。太平洋のイトヨでは性の決定に関係のない染色体（オスでもメスでも共有しているので常染色体という）の1本が、日本海のイトヨでは性染色体になっていたのです。このような染色体は「ネオ性染色体」とよばれますが、このネオ性染色体の上に求愛行動の遺伝子が乗っていたのです。

生物界では、性染色体が近縁種の間で異なっているという現象（性染色体のターンオーバー）が広く知られており、その理由は謎でした。私たちの成果は、ひょっとするとネオ性染色体ができることで、そこに新しい求愛行動が進化して、新種ができるのではないかという仮説を支持するものであり、現在、その仮説を検証しようとしています。

具体的には、ネオ性染色体の遺伝子を解析して性的拮抗遺伝子の有無を確認したり、コンピューターシミュレーションで理論的に可能であるかを検証したり、メダカ科など他の分類群でも性染色体の進化と種形成の間に強いつながりがある例がみつかるかを調査したりしています。

自然界の生物の解析・保全をめざす「野生生物の遺伝学」

これまでの遺伝学の多くは、いわゆる実験モデル動物を中心にして発展してきました。しかし、近年急速に遺伝子解析技術が発展していることから、非モデル動物でもさまざまな解析が可能になりつつあります。例えば、イトヨの全遺伝子を決定したり、イトヨの遺伝子を人為的に改変したりすることも可能です。

したがって、自然界に存在する生物について、私たちのように野外フィールドから採集して、形、色、行動、生理機能などの違いを解析したり、雑種をつくってどのような異常が生じるかを観察したりした後、その原因となる遺伝子を同定していくという「野生生物の遺伝学」は、遺伝学の中でひとつの大きな分野に発展していくと期待されます。幼少の頃より興味を抱き、心を躍らせてきたような野生生物について遺伝学的解析が可能な時代が来ているのです。

最後に、このような研究は、多様性の保全にも間接ながら貢献できると信じています。イトヨは、本州の内陸部では冷たい湧水の湧き出る河川にしか生息できません。つまり、イトヨがいることときれいな湧水があることは同義であり、イトヨを湧水のシンボルとして保全の対象としている地域もあります。しかし、河川改修や埋め立てなどでこれらの生息地は危機に瀕しています。また、２０１１年に津波の影響を受けた生息場所もあります。

私たちの研究によると、個々のイトヨ集団は、たとえ一見すると似ていても実は異なっていて、これらを別々のものとして守ることの重要性も示しています。遺伝学の観点から、集団の存続を可能にする要因などについても、微力ながらも貢献できれば幸いと考えています。

第II部 人類進化の謎

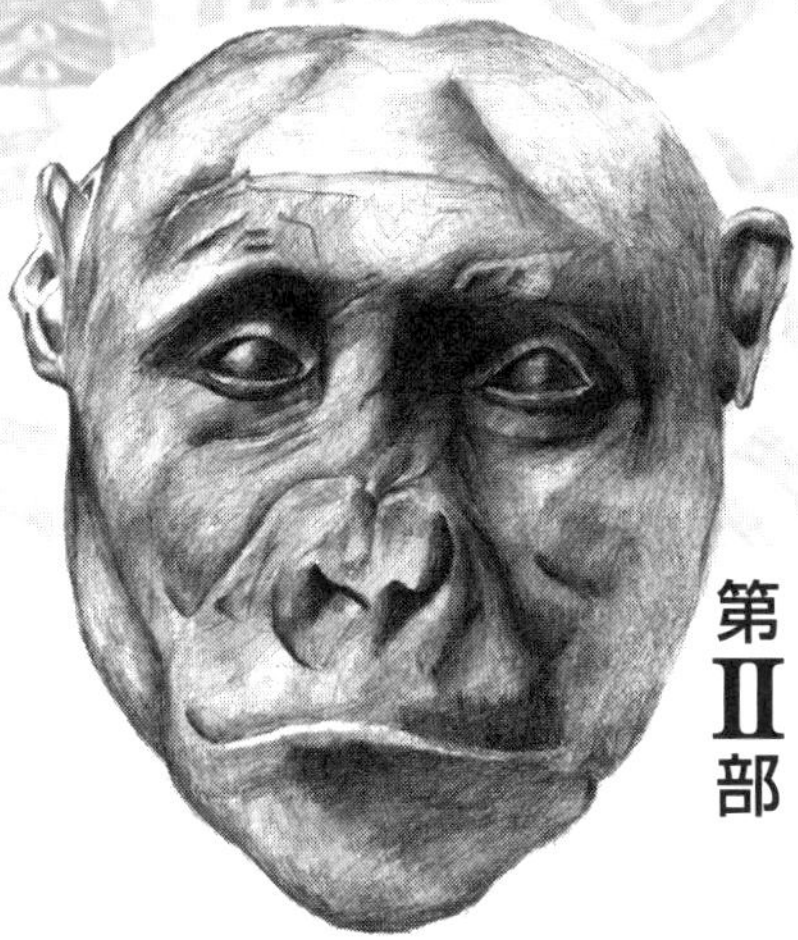

サヘラントロプス

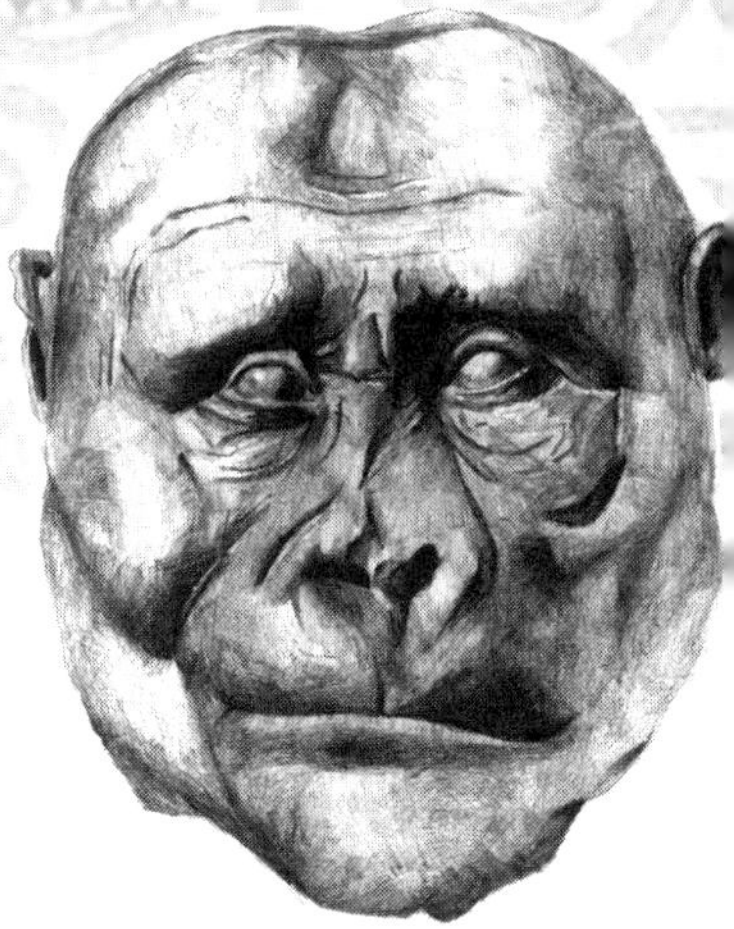

A・アファレンシス

ホモ・エレクトス

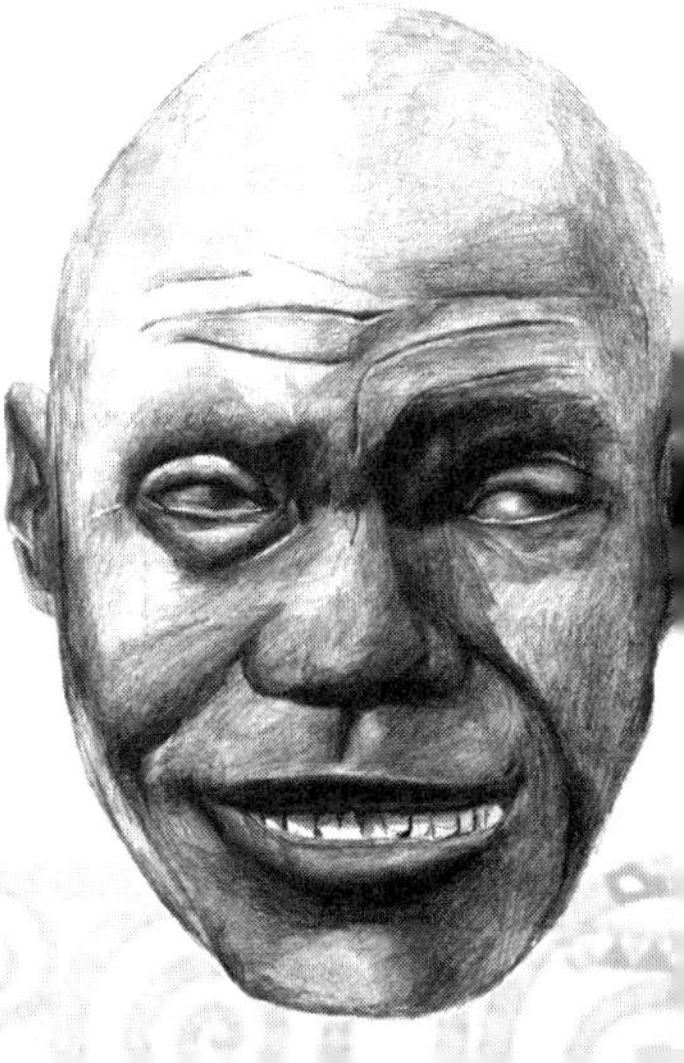

ホモ・サピエンス

第6章

現代人の起源の謎

ヒトはどのように現代人に進化してきたのか？

アイヌ人

筆者：斎藤成也

「日本人を含むアジア集団を中心とするヒト集団の進化史の推定、大規模ゲノム配列比較による遺伝子変換などの進化メカニズムの解析をはじめ、研究テーマは多岐にわたっている。」

わたしたちは、人間の顔をみただけで、その人のおおよその出身を推定することができます。両親の出身が、たとえば日本人とヨーロッパ人というように大きく異なっていれば、混血だろうと推定することができます。これは人間が高いパターン認識能力をもっているためです。

また、顔のかたちを決めている遺伝子数がかなりあり、それらが複雑に関与しているからだとも考えられます。これらに関与する遺伝子がわかっていれば、遺伝子の情報から顔の形を推定することが可能になります。残念ながら、現在までその段階にはいたっていません。かたちを決める遺伝子は、大きな謎として残されています。

顔かたちはわからないものの、ヒトゲノムのＤＮＡには、人によって少し異なる部分の

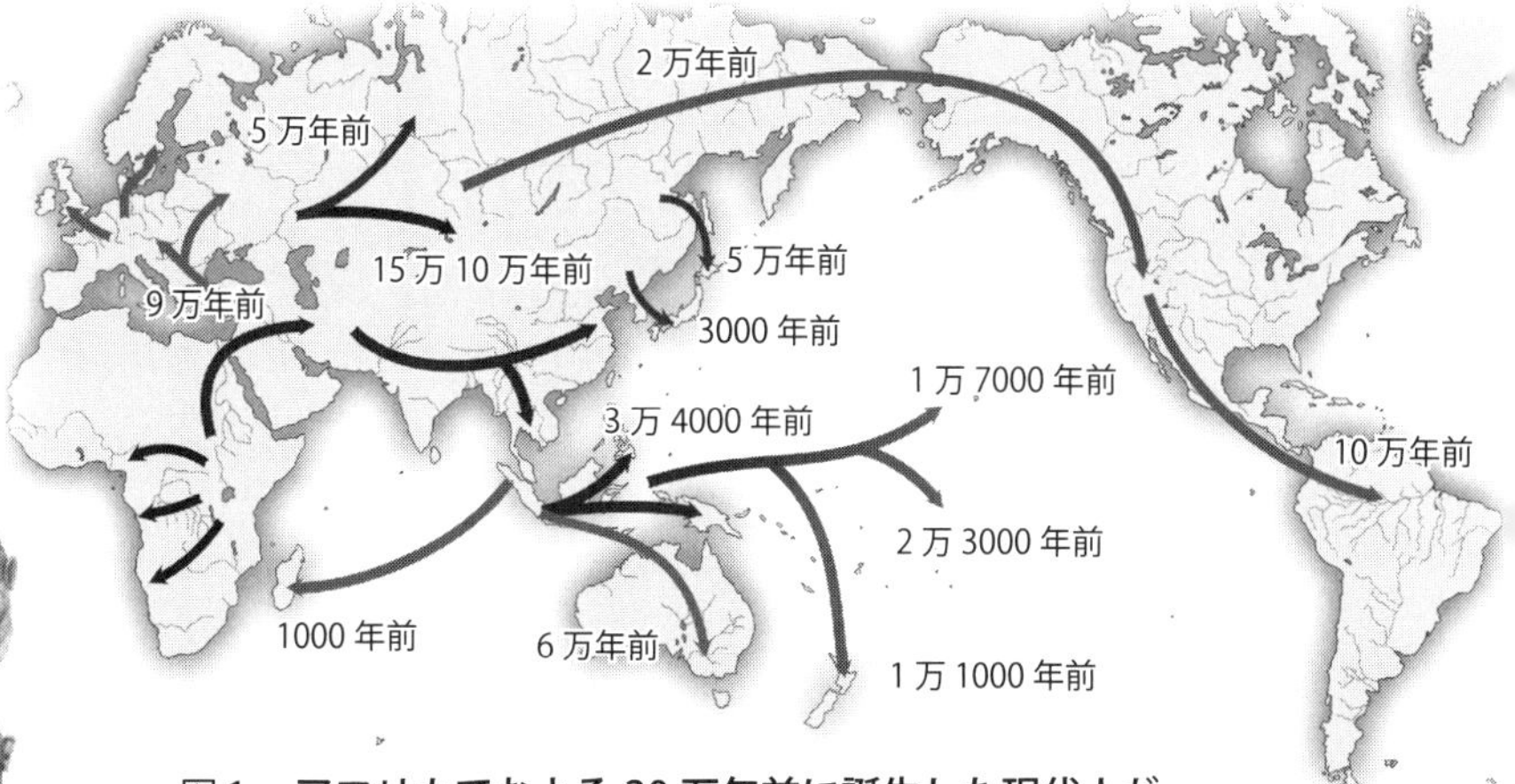

図1．アフリカでおよそ 20 万年前に誕生した現代人が、その後、世界中にひろまっていった経路と年代の予想図

あることが知られています。これらの違いは突然変異に由来します。突然変異は、塩基置換と塩基の挿入欠失に大きく分けられます。塩基置換は4種類の塩基間の置き換えであり、そのようなタイプの突然変異が生じると、1塩基多型（ＳＮＰ）となります。

塩基の挿入欠失には、さまざまな種類があります。第一は、1塩基からせいぜい10塩基程度が加わったり消えたりするものです。第二は、短い塩基の繰り返し（リピート）数の変化です。繰り返しの単位が数塩基である場合、マイクロサテライトＤＮＡ多型とよびます。

これらＤＮＡの個体差を調べることによって、人類の起源をたどることができます。これまでの研究から、現在地球上に広く分布する人間の祖先は、今から20万年ほど前に、アフリカ大陸で誕生したと考えられています。当時はまだヨーロッパから中近東にネアンデルタール人（旧人）が存在し、また東南アジアのフローレス島には、原人の末裔《まつえい》がほそぼそと生きながらえていました。

この20万年のあいだに、私たちの祖先はアフリカを出てユーラシアに進出し、さらにはオーストラリア、南北アメリカへも広がり、数千年前には舟を使って太平洋の島々まで住むようになりました。**図1**にはこれら拡散の、想像される経路と時代が書いてありますが、あくまでも現在の知識からの予想にすぎず、その実態はまだ謎につつまれています。

ミトコンドリアＤＮＡを調べる

人間が地球上に拡散していくのにつれて、人間のもつ遺伝子ＤＮＡも多様化していきました。ミトコンドリアＤＮＡ（詳しくは『遺伝子図鑑』２ページ等を参照）は、母系遺伝といって母親からだけ伝わります。現在ではおよそ1万６５００個の塩基からなるミトコンドリアゲノムが、５０００名以上決定されています。

現代人52名のミトコンドリアＤＮＡ全塩基配列から推定された系統樹を、**図2**に示しました。図のもっとも左の部分に位置する、調べられた人全体の共通祖先は、およそ15万年前に生きていた女性のミトコンドリアＤＮＡを示します。またこの系統樹をみると、アフリカ人の系統が4回にわたって枝分かれしています。

このように、共通祖先に近いところで次々にアフリカ人の系統が分かれていれば、かつて現

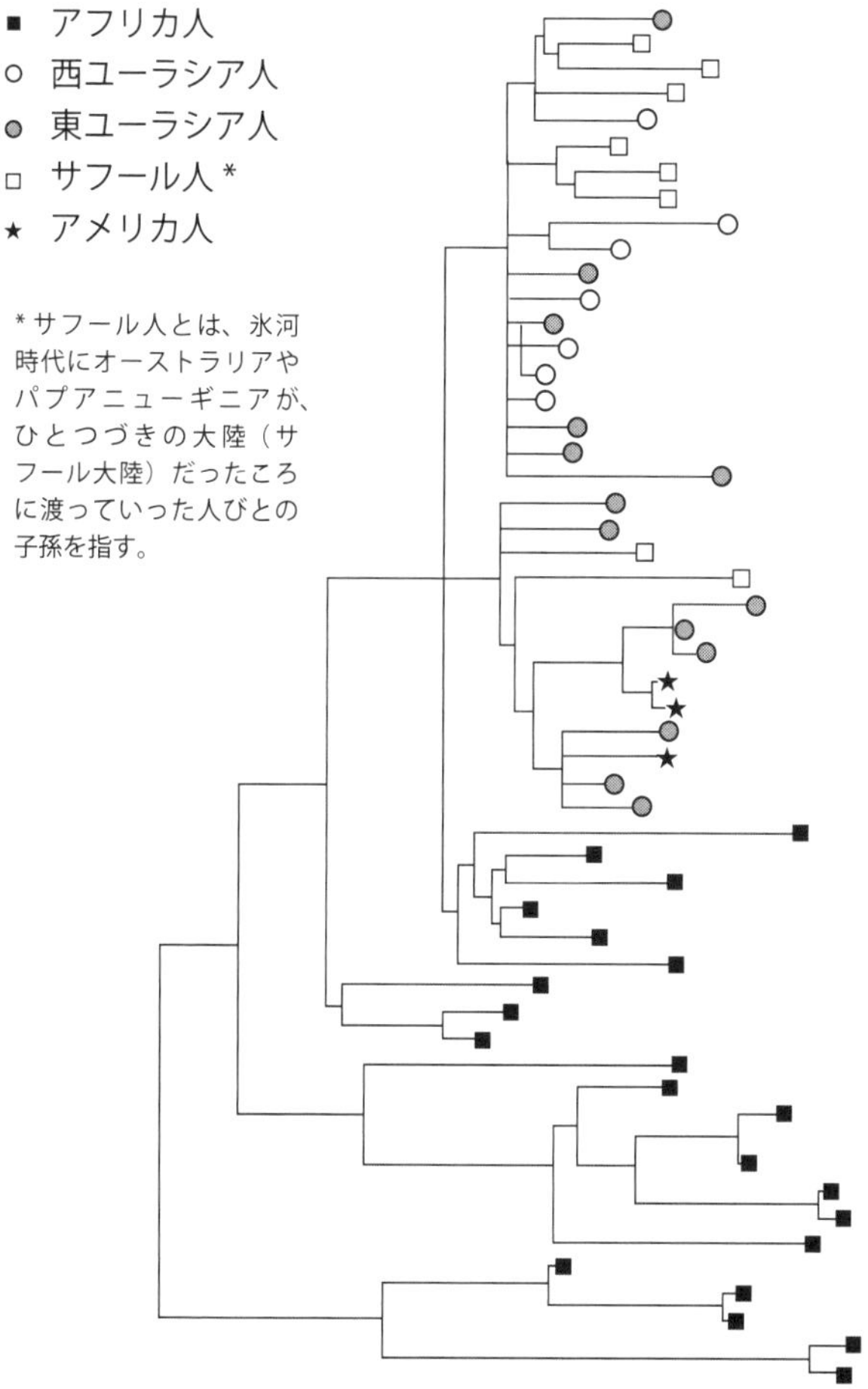

図2．現代人52名のミトコンドリアDNA全塩基配列から推定された系統樹　横線の長さは塩基の変化に比例しています。

代人類の祖先はアフリカだけにいて、その後ユーラシアへ、さらにオセアニアや南北アメリカ大陸へ移住していったという可能性が高くなります。この、現代人アフリカ起源説は、その後ミトコンドリアDNA以外のDNAでも支持されています。

細胞核のDNAを調べる

ミトコンドリアDNA以外にも、細胞核内のDNAが大規模に調べられています。その結果、現代人はおそらく15万年から20万年前にアフリカのどこかで出現したことは、まずまちがいないようです。ただ、アフリカのどの地域なのかについては、まだ特定されていません。ヒトゲノムには30億塩基のDNAが存在するので、人間の遺伝的近縁性の研究は、現在では膨大な数のSNPデータをもとに進められています。アジア人についても、東アジアを中心とする22人類集団の500人近い人びとについて、20万種類のSNPを解析した研究が発表されています。**図3**にその結果を示しました。

主成分分析という統計手法が用いられています。北京の中国人の右上に日本人集団が位置しています。これら2集団のあいだには、韓国人集団が位置しています。一方、中国南部の少数民族集団（ミャオ、シェ、トゥジエ）は、北京の中国人の下側に分布しており、日本人からは少し遠くなっています。中国北部の少数民族集団（ダウール、オロチョン、ホジェン）は逆に、

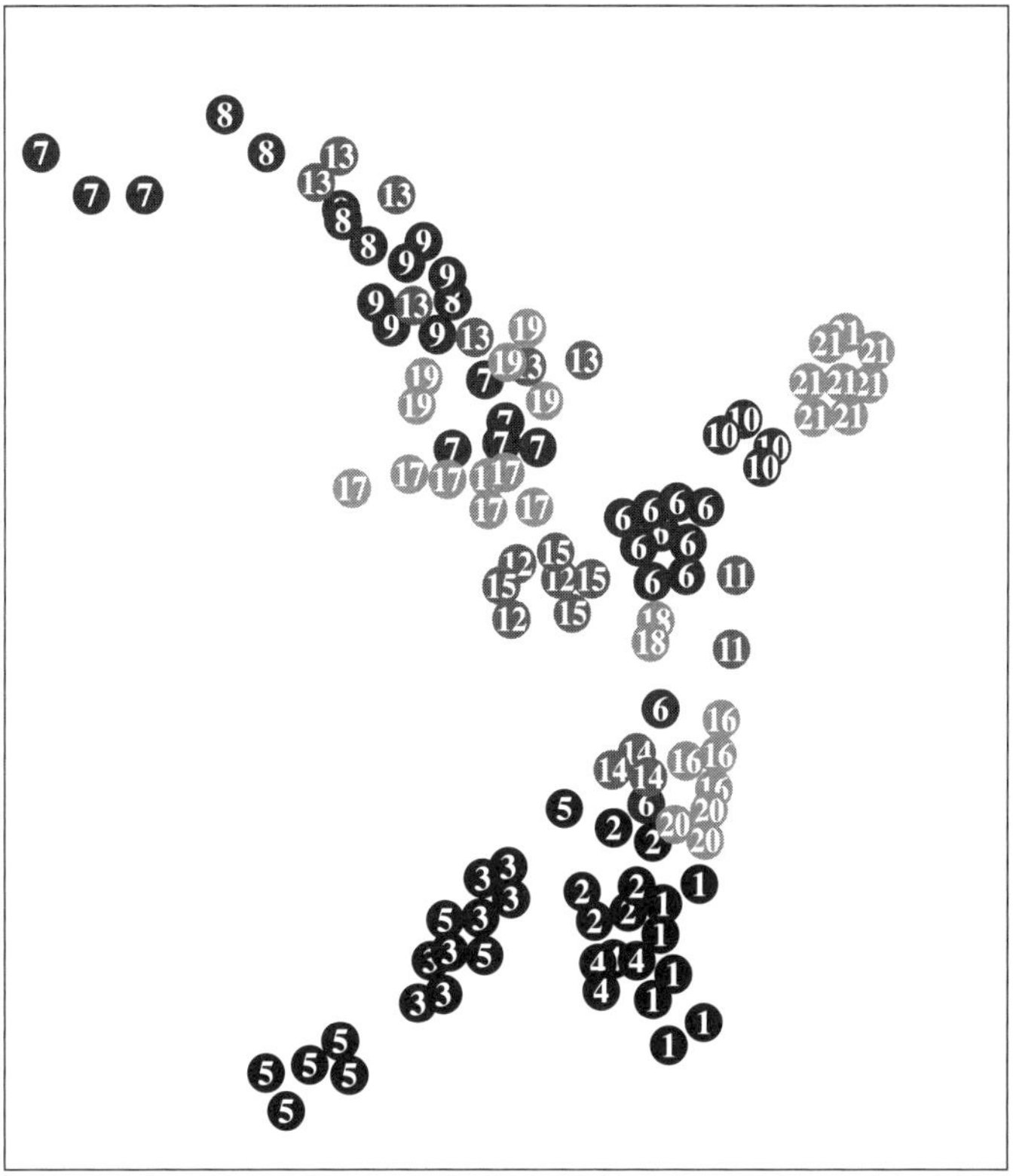

❶フィリピン人
❷ベトナム人
❸ラフー族（中国南部の少数民族）
❹ダイ族（中国南部の少数民族）
❺カンボジア人
❻中国北京の漢民族
❼モンゴル族
❽オロチョン族（中国北部の少数民族）
❾ダウール族（中国北部の少数民族）
❿韓国人
⓫台湾人
⓬イー続（中国南部の少数民族）
⓭ホジェン族（中国北部の少数民族）
⓮ミャオ族（中国南部の少数民族）
⓯ナシ族（中国南部の少数民族）
⑯シェー族（中国南部の少数民族）
⑰トゥー族（中国南部の少数民族）
⑱トゥージー族（中国南部の少数民族）
⑲シーボー族（中国南部の少数民族）
⑳中国南部の漢民族
㉑日本列島の本土人
㉒ヤクート族（中国北部の少数民族）

図3．ゲノムの中に多数存在するSNPデータから、主として東アジアの人類集団の遺伝的多様性を主成分分析という手法で示したものです。ひとつひとつの丸は個体をあらわします。

北京の中国人の上やや左側に位置しています。上下の位置からすると、日本人や韓国人と同じ側に属しますが、左右の位置では日本人や韓国人とこれら北部の少数民族集団は、北京の中国人からみて反対側に位置しています。東アジアの地図を頭に浮かべていただくと、この主成分分析の結果は、集団の地理的位置によく似ていることがわかります。

ＤＮＡの違いから推定した人間集団間の相対的位置関係が、それら集団が居住している地域の地理的位置関係によく似ているということは、ヨーロッパの多数の集団を調べた研究でも確かめられています。このことはどういう意味をもつのでしょうか？

今から１５０年以上前に、チャールズ・ダーウィンはこのような人間集団の違いが、自然淘汰によるものだと考えました。当時は遺伝子についてほとんどわかっていなかったので、人間については皮膚や髪の毛の色など、目にみえる特徴だけにもとづいて論じられていました。この自然淘汰の考え方は、人間だけでなく生物全体の進化を生じるメカニズムであると、ダーウィンは主張しました。

20世紀の後半になって、タンパク質やＤＮＡなどの分子レベルできちんと生物の進化を調べることができるようになると、自然淘汰を受けない中立進化のほうが一般的であることが、国立遺伝学研究所の木村資生《もとお》博士や太田朋子博士らによって明らかにされました。

人間集団の遺伝的違いについても、居住域の地理的な違いとよく似ているということは、人びとが長いあいだに地球上を移動していった様子が、ＤＮＡの違いに反映されていることになるので、ここでも自然淘汰を受けない中立進化が一般的であることになります。

ただし、ダーウィンの時代から着目されていた皮膚色の違いなど、目にみえる特徴に関係する遺伝子は、自然淘汰を受けた可能性があります。この問題は、関与する遺伝子がすべて特定されれば、いずれ決着がつくと思われますが、現在のところは謎として残されています。

日本列島の人びと

日本列島人のあいだの遺伝的な近縁関係はどうなっているのでしょうか？　日本列島の３集団（北海道のアイヌ人、中央部の本土人、南西諸島の琉球人）、韓国人、中国の北部および南部の少数民族、漢族３集団（北京、上海、台湾）の９集団について、25種類の遺伝子のデータをもとに遺伝的な距離を推定し、その結果を系統樹で示したものが**図4**です。

線の長さは遺伝的違いに比例して描いてありますが、線と線の角度は図がみやすくなるようにしただけです。いくつかの線には数字が与えられていますが、これらは系統樹の統計的な信頼性を与えるもので、ブーツストラップ確率とよびます。たとえば、アイヌ人と琉球人が結合されていますが、そこから出ている線には１００という数字が書かれています。これは、ふたつの集団の結びつきに、１００％の信頼性が与えられていることを示しています。

線の長さを合計すると、日本列島の琉球人と本土人は、琉球人とアイヌ人よりも遺伝的に

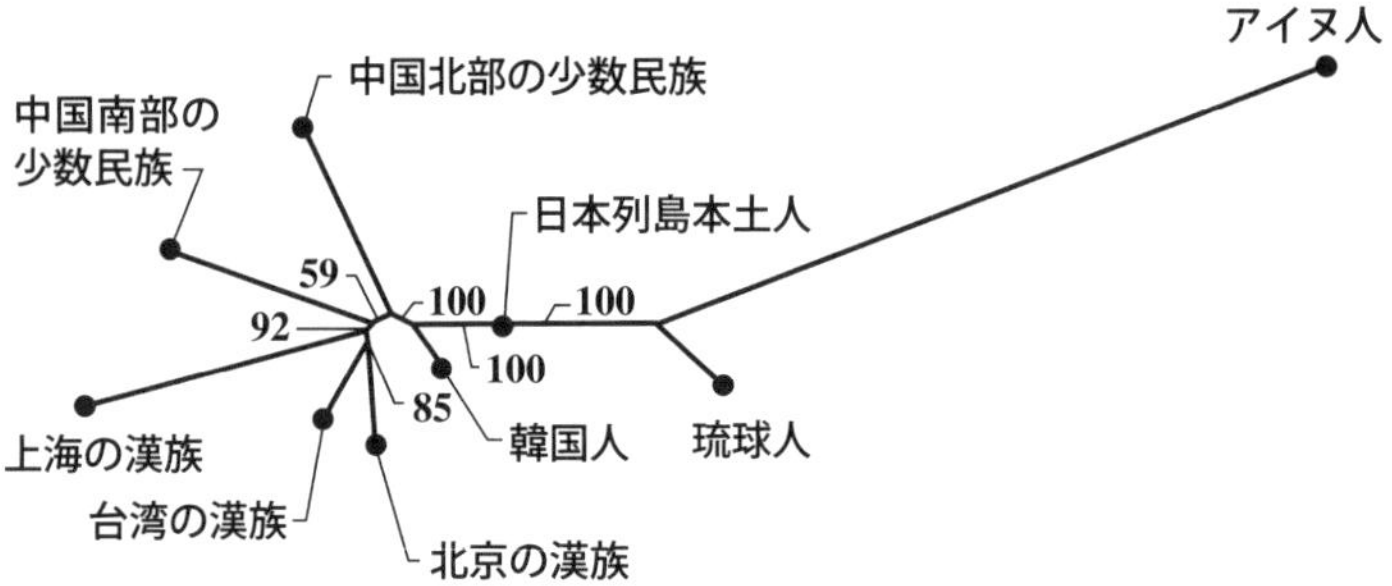

図4．ゲノム中に多数存在するSNPデータから推定された東アジアの9人類集団の系統樹　数字はそれぞれの系統樹の枝の統計的信頼性を示すブーツストラップ確率。

近い関係になっていることがわかります。しかし、本土人と琉球人の両者の違いは、アイヌ人と本土人との違いの一部に重なっており、この重なり部分の線から、日本列島の南北に位置する2集団の共通性がうかがわれます。ただし、アイヌ人への枝が長いので、この集団が他の2集団とは遺伝的にかなり異なっていることがわかります。

日本列島の3集団は、ブーツストラップ確率が100%となっているひとつの線でまとまっており、この集団のかたまり（専門用語ではクラスターとよびます）は、韓国人とつながっています。おもしろいことに、日本列島と朝鮮半島という、地理的に近い地域に居住する4集団は、さらにそのおとなりに居住する中国北部の少数民族とつながっています。一方、上海、台湾、北京の漢族はやはりまとまっていますが、ブーツストラップ確率は92%となっています。これは残り8%の場合には別のまとまりがあり得ることを示して

います。

日本列島人の成り立ちについて、縄文時代から住んでいた「縄文系」と、弥生時代以降の「渡来系」のふたつに考えて説明した以下の考え方を「二重構造説」とよびます。まず、東南アジアに住んでいた古いタイプのアジア人集団の子孫が、旧石器時代に最初に日本列島に移住して、縄文人を形成しました。その後、弥生時代に移るころに、北東アジアからの移住がありました。彼らはもともとは縄文人と同じ祖先集団から誕生し、その後、独自の変化をして、顔などの形態が縄文人とは異なってきました。これら大陸からの渡来人は、先住民である縄文人の子孫と混血を繰り返しました。ところが、北海道にいた縄文人の子孫集団は、渡来人との混血をほとんど経ず、アイヌ人集団につながっていきました。沖縄を中心とする南西諸島の集団も、本土から多くの移住がありましたが、日本列島本土にくらべると縄文人の特徴をより強く残しました。**図4**の系統樹は、この二重構造説を支持するものです。

図5は、二重構造説にもとづいて、最近の知見も取り入れた日本列島の人間の変遷モデルです。日本列島には1万年以上続いた縄文時代を通じて、「縄文時代人」と示した土着の人びとが住んでいましたが、弥生時代以降に、ユーラシア大陸の東アジアから多数の渡来民が日本列島に移住し、農耕を中心とした文化を伝えるとともに、土着の人びとと混血しました。こうして誕生したのが、日本列島の本土人です。

一方、北海道の人びとと南西諸島の人びとは、縄文時代が終わった３０００年前以降も渡

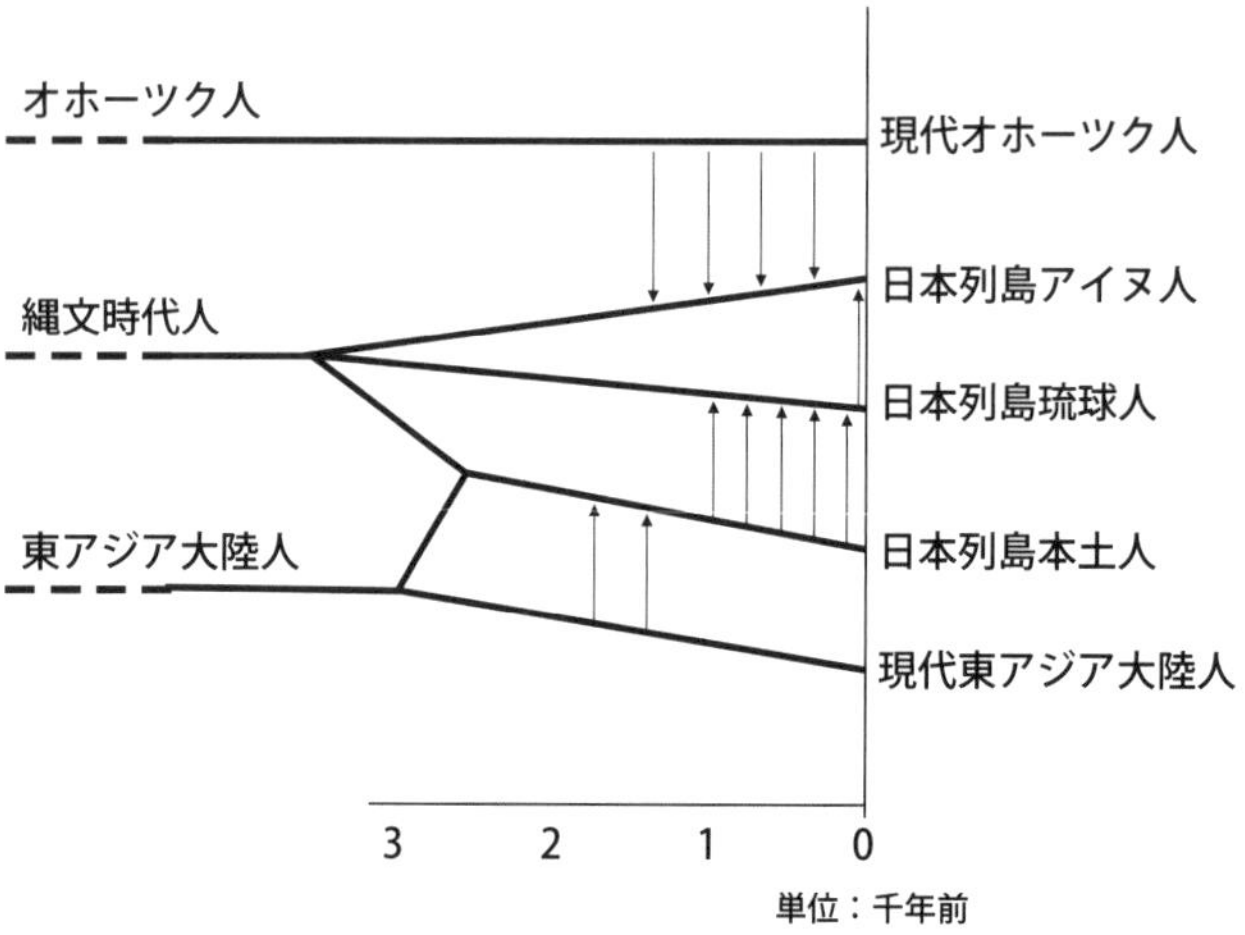

図５．日本列島人３集団とその近隣集団の歴史を予想した図

来人の影響が少なく、採集狩猟生活を続けました。北海道の人びとは奈良時代以降に、ニブヒ人をはじめとしたオホーツク海沿岸からアムール川下流域に居住していた「オホーツク人」と混血しました。これらの人びとによって、現代に続くアイヌ人とアイヌ文化が成立しました。

一方、南西諸島では平安時代のおわり頃に、おもに九州から稲作が伝わり、グスク時代に入りました。その後、室町時代には琉球王朝が成立しました。

このモデルがどのくらいまで正しいのか、またそれぞれの矢印はどのくらいの人間の移動をあらわしているのかについては、まだよくわかっていません。今後の研究の進展が望まれます。

さらに現在、縄文時代人のゲノムＤＮＡ

研究が進められています。10年ほど前とはくらべものにならない膨大なDNAのデータを使って、これら過去に地球に生きていた人びとや現在の人びとの歴史を調べる研究が進められています。

第7章

遺伝子多型の謎

ABO式血液型はなぜ生き残ったのか?

アジルギボン

筆者:高橋　文

「専門は進化遺伝学。生物のさまざまな形質やDNA塩基配列がどのように進化してきたのかを、遺伝学の実験や、コンピュータによる解析により明らかにしていく研究を進めている。」

ABO式血液型とは?

輸血の際、ABO式血液型が同じ血液でないと輸血できないということは、皆さんもご存知だと思います。このように、私たちにとってたいへん身近なABO式血液型は、いったいどのような遺伝子の構成にもとづいてつくられるのでしょうか?

ABO式血液型は、20世紀初頭にはすでに発見されていましたが、その原因となる遺伝子がわかったのは20世紀の終わりごろでした。現在わかっているのは、ABO式血液型の原因となる遺伝子は血液の細胞だけでなく、細胞の表面にある糖という物質がつらなった糖鎖に、いろいろな種類の糖ををくっつける(転移する)酵素をつくる遺伝子のひとつであるということで

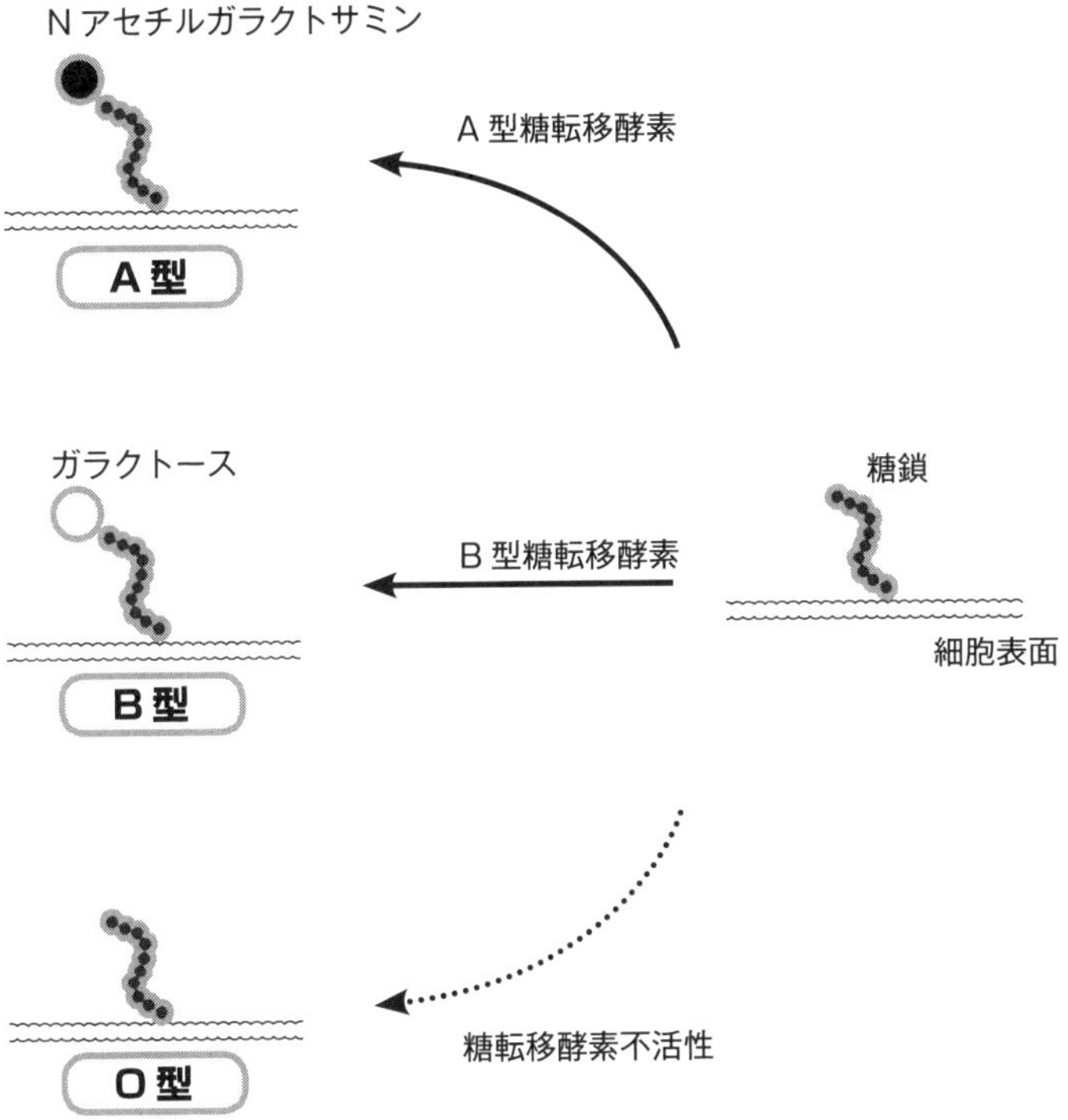

図1．ABO式血液型と糖転移酵素との関係

す。

Ａ型遺伝子は、この糖鎖にＮアセチルグルコサミンとよばれる糖を転移する酵素をつくり、Ｂ型遺伝子はこの糖鎖にガラクトースという糖を転移する酵素をつくります。Ａ型とＢ型の遺伝子の違いは、そこからできるタンパク質（酵素）中のふたつのアミノ酸の違いによっていることもわかっています。Ｏ型遺伝子というのは、そのＤＮＡ塩基配列の一部が欠損したために、そこからできるタンパク質は、糖を転移するという機能を失っています（**図1**）。

これらの結果、Ａ型は細胞表面にＮアセチルガラクトサミンのついた糖鎖をもち、Ｂ型はガラクトースのついた糖鎖をもちます。Ｏ型はこのような糖をもちません。輸血をおこなうときに、この糖が異物として認識されてしまうために、糖のないＯ型の血液以外は、ほかの血液型の人に輸血することはできません。ここでは、このようなＡＢＯ式血液型がヒトの歴史の中で、なぜなくならずに生き残ってきたかという謎について考えてみたいと思います。

遺伝子多型が維持されるのが難しい理由

ヒトに限らず生物集団の中で、それぞれの個体どうしのＤＮＡ塩基配列をくらべてみると、個体によって異なるＤＮＡの塩基がたくさん存在することがわかります。このように、集団中でたくさんの違うタイプの塩基配列をもっている状態を、「多型」とよびます。

ＤＮＡ塩基配列には、ごく小さな確率ではありますが、突然変異によって親とは異なる塩基配列をもつ個体ができます。この突然変異によって、多型は集団中でどんどん増えるのでしょうか？　私たちヒトの集団はどんどん異質なヒトばかりになっていくのでしょうか？

実は、このような多型は特別な力が働かない限り、長い世代にわたって受け継がれることはありません。というのは、確率論的に考えて、有限の個体からなる集団には、遺伝的浮動という常に多型を減らすような圧力が働くからです。

この遺伝的浮動は、個体数の少ない集団ほど顕著です。たとえば話を単純にするために、無性生殖をおこなう2個体からなる生物の集団を考えましょう。これらの個体のもつ塩基配列の一部が、「ＡＡＴＧＣ」と「ＡＣＴＧＣ」という多型になっていたとします。これらの個体がそれぞれ2個体ずつ子どもを生むとします。集団の個体数が世代にわたって変わらないとすると、次の世代は4個体の子どもの中から2個体が残って繁殖することになります。「ＡＡＴＧＣ」が2個体、「ＡＣＴＧＣ」が2個体になりますが、この中から「ＡＡＴＧＣ」を1個体、「ＡＣＴＧＣ」を1個体それぞれ選んで多型を維持するのは、6とおりの選び方のうち4とおりですから、確率は3分の2となります。3分の1の確率で1世代のうちに多型が失われてしまうことになります。

これは極端な例ですが、どんな大きな集団でもこのような遺伝的浮動の力は、ほんの少しではあってもかかるわけですから、多型を維持する別の力が働かない限り、長い世代にわたって生物の集団内に多型が維持されることはありません。

一方、上述の例のうち、「ＡＡＴＧＣ」の方が「ＡＣＴＧＣ」にくらべて圧倒的に有利だったらどうなるでしょう。集団中２個体とも「ＡＡＴＧＣ」になってしまう確率の方が、多型が維持される確率より圧倒的に高くなることが予想されます。

このように進化の方向の定まった自然選択のことを「方向性選択」とよびますが、この場合も多型が維持される確率はたいへん低くなります。このように、集団中に長い世代にわたって多型が維持されるのは、とてもまれなケースだと考えられます。

ＡＢＯ式血液型は多型が維持されている

それでは、ＡＢＯ式血液型の多型は、どのくらい長いこと維持されてきたのでしょうか？

ヒトでは、ＡＢＯ式血液型が生じたのは、ＤＮＡ塩基配列の解析によると、ヒトとチンパンジーの分岐より少しあとで、この多型は遺伝子多型が維持される平均的な時間よりも、かなり長い間維持されていると考えられています。前述のように、ヒトのＯ型というのはタンパク質の機能が働かない機能欠損型なのですが、その機能のない遺伝子までが失われずにヒトの集団中に維持されているというのは、たいへん驚きです。

また、ヒト以外の霊長類でも、ヒトのＡＢＯ式血液型に類似した血液型の多型があることが

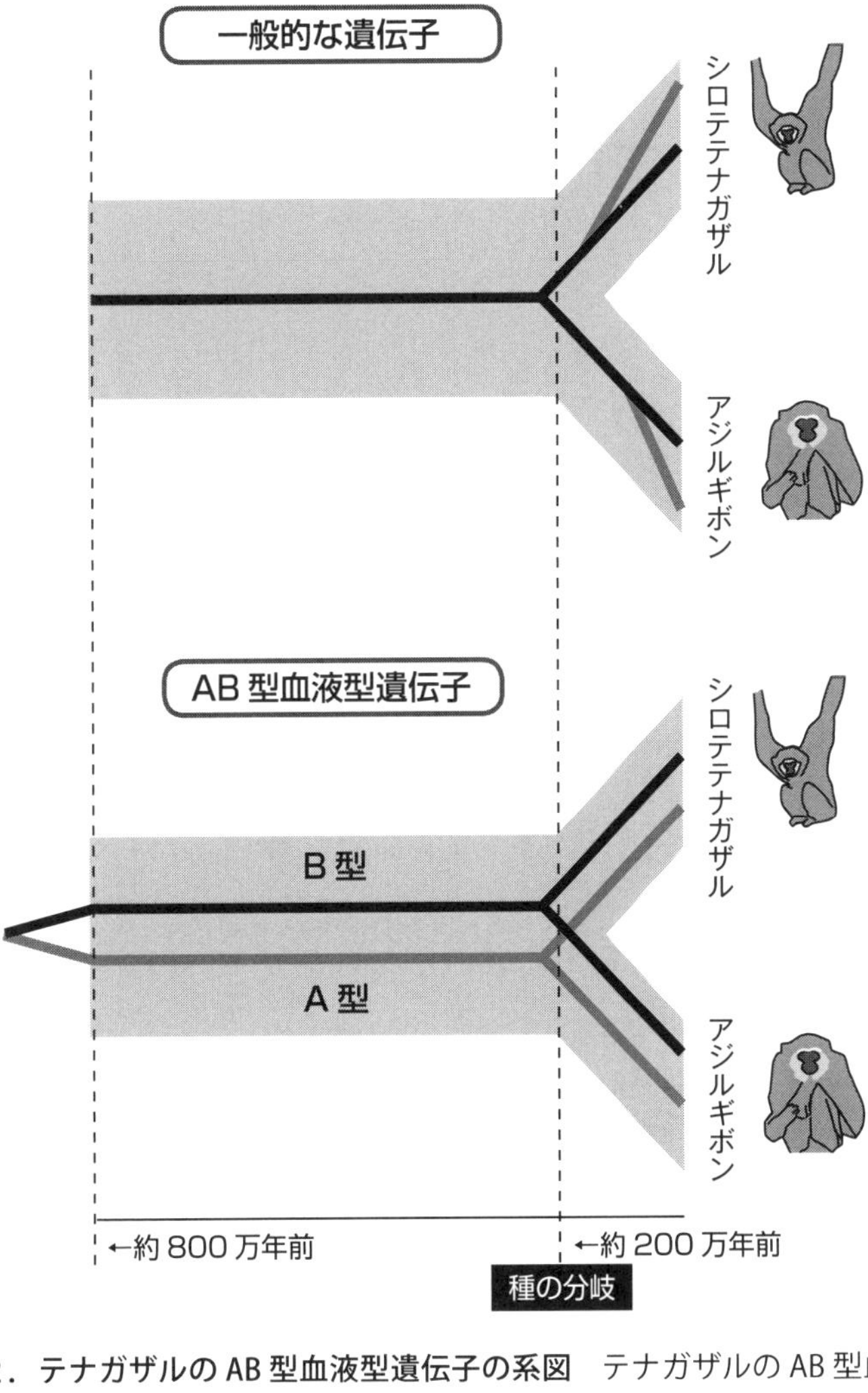

図 2．テナガザルの AB 型血液型遺伝子の系図　テナガザルの AB 型血液型多型は、種の分岐年代をはるかにこえた 800 万年以上前から存在すると考えられています。一般的な遺伝子の多型は、分岐年代を大きくさかのぼった昔から存在することはありません。

わかっていますが、これらの血液型の多型も長いこと維持されているものが多いようです。たとえば、テナガザルのA型とB型は、種の分岐をこえて維持されていることも知られていて、この多型は自然選択がかかっていないという意味の、進化的に中立な遺伝的多型にくらべ、はるかに長い世代時間にわたって維持されていることがわかります。（図2）。

ABO式血液型の多型はなぜ生き残っているのか？

このように、なぜABO式血液型は前述のような遺伝的浮動や方向性選択によって失われずに、長い世代時間にわたって生き残ってきたのでしょうか？　これについては、今のところ定説はありません。しかし、前述のことから考えても、おそらく血液型の多型が維持されるような自然選択が働いているのではないかということが推測されます。

ふたたび霊長類の血液型をみてみると、DNA塩基配列の解析から、A型が祖先型であることがわかっています。そしてB型は、ヒト、ゴリラ、バブーンの系統でそれぞれ独立に生じたのではないかということを示唆するデータがあります。このように何回も独立にABO式血液型の多型が生じていることからも、多型が保たれるような自然選択が働いているのではないかと考えられます。

このような自然選択は、形質変化の方向が定まった方向性選択に対して、「平衡淘汰」とよばれています。平衡淘汰で多型が維持される場合の例として古くから知られているのは、免疫系にかかわる遺伝子の多型です。

哺乳類におけるMHC（主要組織適合遺伝子複合体）分子の多型は、その代表的な例です。MHC分子は、病原体などの異物を細胞の表面にもっていき、ほかの免疫細胞にそれを抗原として認識させる役割を果たす糖タンパク質であり、免疫系の中で大変重要な役割をもっています。このような糖タンパク質をコードする遺伝子には、ものすごい数の対立遺伝子が存在します。

たとえば、ヒトのMHC Class Iという分子には、HLA-A、HLA-B、HLA-Cという三つの分子が存在しますが、これらをつくる遺伝子には、それぞれ少なくとも40個、8個、20個の対立遺伝子があることが知られていて、ヒトの遺伝子の中ではもっとも多型が多い遺伝子領域のひとつとなっています。

このように、免疫系の遺伝子で多型が多いことの理由を推測することはかなり容易です。それは、外部から侵入する多様な抗原に対し、有効に対処するには多様な抗原認識部位が必要となるからです。ある抗原に対しては、ある対立遺伝子が有利であったとしても、別の抗原に対しては別の対立遺伝子が有利であることが考えられます。

そのような場合、それぞれの対立遺伝子が活躍する場面があるわけですから、その時々にその対立遺伝子が有利となり、次の世代に優先的に受け継がれることになります。このことによって、これら多数の対立遺伝子は、方向性選択でひとつの対立遺伝子が他を全て押しのけるということもなく、また自然選択のかからない進化的に中立な遺伝子にくらべて、遺伝的浮動の影響を受けにくくなり、集団の中で維持される時間が長くなるわけです。

それでは、ABO式血液型についても、このようにそれぞれの血液型が有利となる場面があるのでしょうか？　ABO式血液型の違いは細胞表面の糖鎖の種類ですから、免疫系と無関係ではないかもしれません。バクテリアやウイルスの中には、細胞の糖鎖を足がかりとして感染するものがいます。もしかしたら、ある種のバクテリアに対しては、A型の方が感染されにくいけれども、別の種のバクテリアに対してはB型の方が有利というようなことがあるのかもしれません。

では、糖転移酵素の機能欠損型であるO型はどうでしょう？　古くからの研究で、O型の遺伝子をもつ人の方が、がんになる確率が低いという報告がありました。最近の研究でもO型の人の方が膵臓がんになりにくいのではないかということを示唆する報告がありました。理由はわかりませんが、何らかの原因でO型も有利となる場面があるのかもしれません。

血液型による性格分析は科学的でない？

余談になりますが、血液型による性格判断について皆さんも時々話題にすることがあるのではないかと思います。「○○さんは、A型だからそんな仕事には向かないよ」とか、「××さんは、絶対AB型に違いないよ」などといった会話が聞かれます。

　これまでわかっているABO式血液型の生物学的実態から考えると、性格との関連があるという科学的な根拠を探すのは困難です。でも、私自身が個人的に気になっている点がないこともありません。学生の時からこれまで何回となく、お酒の席などで周囲の人たちの血液型を教え合うことがありましたが、決まってB型とO型がほとんどでした。日本人の中で40%も占めるはずのA型がなぜか私の周囲に少ないのは全くの偶然でしょうか?

　日本の中でも地域によって多少の血液型分布の偏りがあるようなので、血液型そのものというより、もしかしたら何かそのような日本人の集団構造の歴史とほんの少しは関係があるのかもしれません。

第8章

ヒトゲノムの暗黒部分の謎

どのような遺伝子の変化がヒトを進化させてきたのか？

筆者：隅山健太

「個体ゲノム直接編集技術によってゲノム発現調節機能を解析し、生物の多様性が生じる機構の解明を目指す。」

自分はいったいどういう存在なのだろう？　なぜ自分は存在するのだろう？　自分が生まれる前は、いったいどうなっていたのだろう？　あるいは自分が死んだ後はどうなっていくのだろう？　そのような疑問をもったことがある人もいるのではないでしょうか。このような疑問は、人が生物という存在である限り、必ずおきる疑問だと思います。

つまり、生命とは何か？　生命が生じるとはどういうことか？　生命が消えるということはどういうことなのか？　なぜ生命には生と死が避けられないのか？　そういった根本的な疑問とつうじているからです。

遺伝学や進化学とは関係なさそう

なことでしょうか？　いいえ、生命の生成と消滅、生命が世代を継いでいくことは、遺伝学や進化学の基本であり、おおいに関係があります。

生物は遺伝子をもっています。自分の複製をつくり、自分の遺伝子をほぼ完璧に複製して渡します。このようにして次の世代も、その親とほとんど同じ姿・形をもって生まれてくることができます。カエルの子はカエル、ヒトの子はヒトに必ずなりますし、ほかの生物に突然変身することはありません。

これは、遺伝子を運んでいる物質であるＤＮＡが、とても正確に複製をつくることができるために、正確な遺伝子を次の世代に伝えることができるからなのです。では、世代を重ねていって膨大《ぼうだい》な時間がたったあとには、いったいどうなるのでしょうか？　未来のことはタイムマシンに乗ってみにいかないと知ることはできませんが、かわりに過去をふり返って、生物がどうなってきたかをみることで、この答えを知ることができるのです。

何千万年、何億年もさかのぼると、生物の姿・形はまったく違ってしまっていることがほとんどです。実は、ＤＮＡは正確に複製されるのですが、ごくわずかな変化が常におこり、それが世代を経て蓄積していくのです。そのようにして蓄積した遺伝子の変化は、ほとんどが表にあらわれない無害なものです。

しかし、長い進化の時間の間には、いくつかの遺伝子の変化が目にみえる形であらわれて、生物の形や体の仕組みの変化をひきおこします。このような変化が生物にとって有利な形質

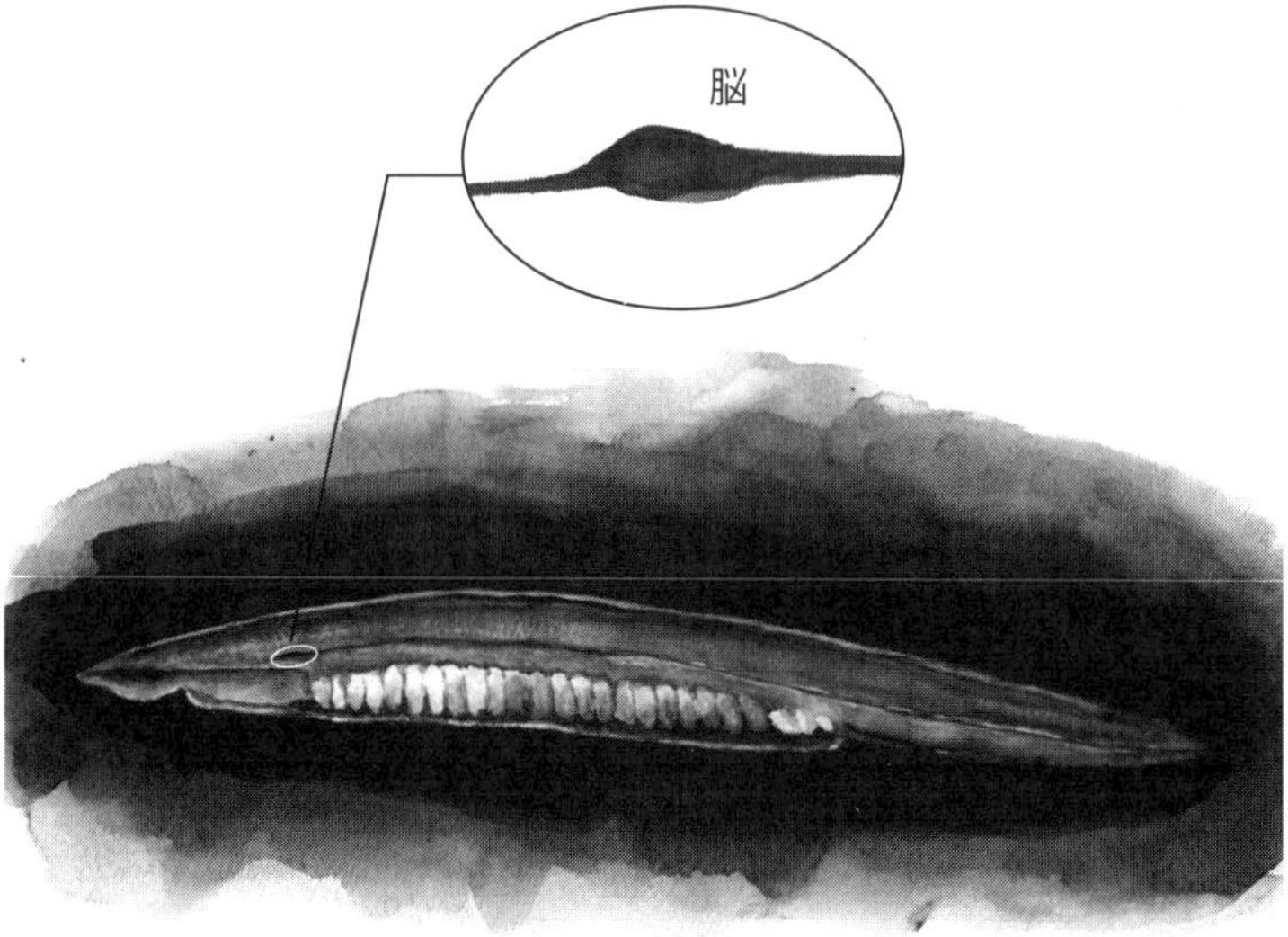

図1．ナメクジウオ　脊椎動物の祖先に近いといわれる動物です。神経管の先端のふくらんだ部分が、脊椎動物の脳の始まりに近いと考えられています。

であれば、それは次の世代全体に広まり、新しい形質をもった生物集団があらわれます。

現在、ヒトが高度な生命活動をおこなうことができるのは、いままでの進化の歴史で無限ともいえる多くの遺伝子の変化が蓄積し、常に変化してきた結果なのです。すなわち、いま私たちが存在しているのは、生物の個体に生と死があり、世代を連綿《れんめん》と継いできた結果なのです。遺伝子が変化して、それが定着してきた歴史こそが生物の進化の本質なのです。

ヒトの器官の中で、もっとも進化したところといえば、やはり脳です。脊椎《せきつい》動物の脳の進化をたどると、非常に単純で小さなもの、だんだんと複雑で大きなものに進化してきたことがわかります。脊椎動物の祖先に近いといわれている動物、頭索類《とうさくるい》のナメクジウオは、神経管の先端に少しふくらんだ部分があり、これが脊椎動物の脳の始まりの形に近いと考えられています（**図1**）。これが5億年以上の進化時間を経て、ヒトの高度に発達した脳に進化していくのです。

進化において、脳には次々と新しい領域が追加され、ヒトの脳はただ大きいだけではなく、多様な役割を果たす領域に分かれるようになりました。では、いったい遺伝子にどのような変化がおきれば、このような新しいものを生み出していく進化が可能になるのでしょうか？　新しい器官をつくるための遺伝子は、どのようにして生まれてきたのでしょうか？　そもそも、なぜ遺伝子には進化がおきることが許されているのでしょうか？

ヒトゲノムの謎――遺伝子数の謎

進化した動物はより多くの遺伝子をもっていて、その結果、より複雑な体をつくることができるのでしょうか？　もしそうなら話は単純で、進化するためには遺伝子を増やしていけばいいわけですが、本当の世界ではどうもそうではないようです。

生物が自分をつくるために必要なすべての遺伝子セットのことを、「ゲノム」といいます。科学の進歩によって、ヒトのゲノムや、先ほど登場した単純な体制の生物ナメクジウオのゲノムはすでに読みとられていますので、遺伝子セットを比較することができます。

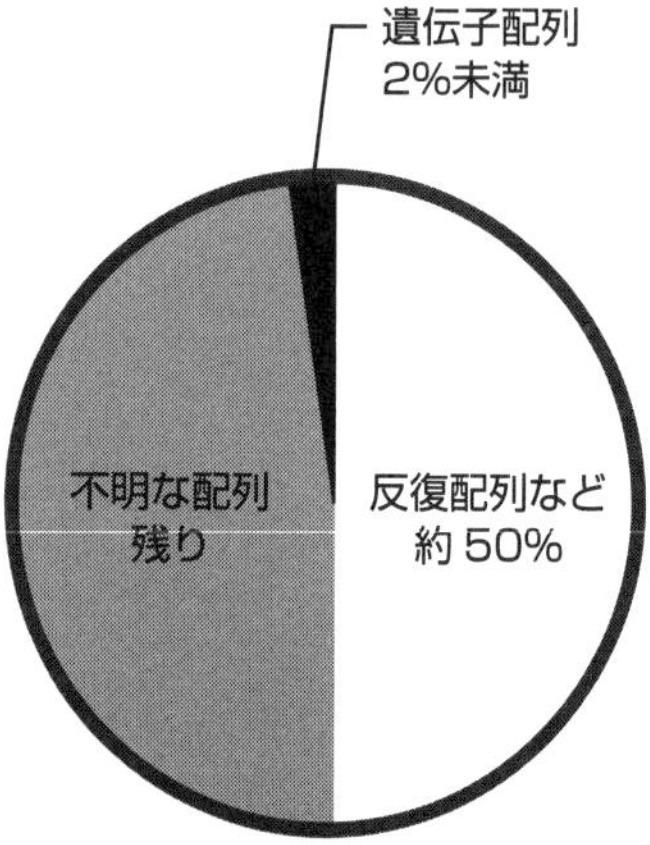

図2．ヒトゲノム中の各領域の割合
98%ほどを機能がよくわからない領域が占領しています。

おどろくことに、ヒトもナメクジウオも遺伝子の総数は約2万個ほどで、あまり変わらなかったのです。なぜ、比較的単純な生物も高度に複雑化した生物も遺伝子数があまり変わらないのか、その正確な理由はまだ分かっていないのです。

ただ、高度な体制をもつ生物では、同じ遺伝子をいろいろな用途に使いまわしているらしい、ということがわかってきました。つまり、ひとつの遺伝子を何倍にも有効活用しているように進化してきているようです。遺伝子の使い方を決定している仕組みの進化に鍵がありそうですが、現在の科学では未知の領域で、これからの発展が期待される分野です。

ヒトゲノムの謎――ゲノムの大部分を占める暗黒部分の謎

ヒトゲノムのもうひとつの謎は、いったい何に使われているのか、何の役に立つのかがわからない領域があることです。しかも、その領域の大きさが半端ではありません。なんとゲノムの98％ほどを、意味がよくわからない領域が占領しているのです（**図2**）。この領域は一見むだにみえるので、「ジャンク（がらくた）」ＤＮＡとよばれることもあります。通常の遺伝子は、残りの２％ほどでしかありません。

このような状況から、遺伝子は広大な砂漠の中に点在するオアシスによく例えられます。また、広大な暗黒の宇宙に輝く恒星にも例えられます。光る星は目立ちますが、実際には光を出していないはるかに多くの物質が空間に満ちあふれているのですが、ゲノムもこれに似て、遺伝子以外の大量のＤＮＡが存在しています。このダークマターというべき暗黒の領域の謎は、現在、科学者の注目を集めています。

いったいなぜ、このような遺伝子として働いていない一見むだにみえる領域が、これほどまでたくさんあるのでしょうか？　現在は科学の発展により、多くの生物のゲノム配列が読みとられています。科学者は読みとられた情報をもとに、遺伝子でない領域に何があるのかを調べてきました。多くの部分は、同じＤＮＡ配列がくり返し現れる反復配列に占領されていることがわかっています。

反復配列の多くは寄生者のようなもので、特に生物にとって役にたつものではないと考えられています。残りの部分を解析すると、意外なものがみえてきました。いろいろな生物のゲノムを比較したときに、遺伝子でない領域で、生物種間で非常によく配列が似ている領域が大量に発見されたのです。

このことは、何らかの生物学的な機能をもつために、その配列が種の分岐のあと長い時間がたっても、変化することなく保存されているためと考えられます。つまり、いままで暗黒だった領域に、生物学的に重要な機能が隠されていたことが明らかになったのです。科学者たちの努力により、これらのＤＮＡ配列は遺伝子の発現を制御する機能をもった領域であることもわかってきました。ついに謎は解けたかに思われたのです。

ゲノム進化の謎――高度保存領域のパラドックス

遺伝子でない領域でありながら生物学的機能をもつ可能性が高いと思われる生物種間保存配列を、ゲノムから取り除いてしまったら、どのようなことがおきるでしょうか？　もし、その領域が特定の遺伝子の発現を制御するのであれば、その遺伝子が機能を失ったのと同じ結果がおきることが期待できますが、最近おこなわれた実験の結果はおどろくべきものでした。

もっとも重要度が高いと思われた四つの非遺伝子領域を取り除いたマウスは、どれもまったく異常がなく、健康そのものでした。つまり、制御されるはずの標的遺伝子の発現には異常がまったくおきなかったのです。機能が重要だからこそ生物進化の過程で失われなかったはずの

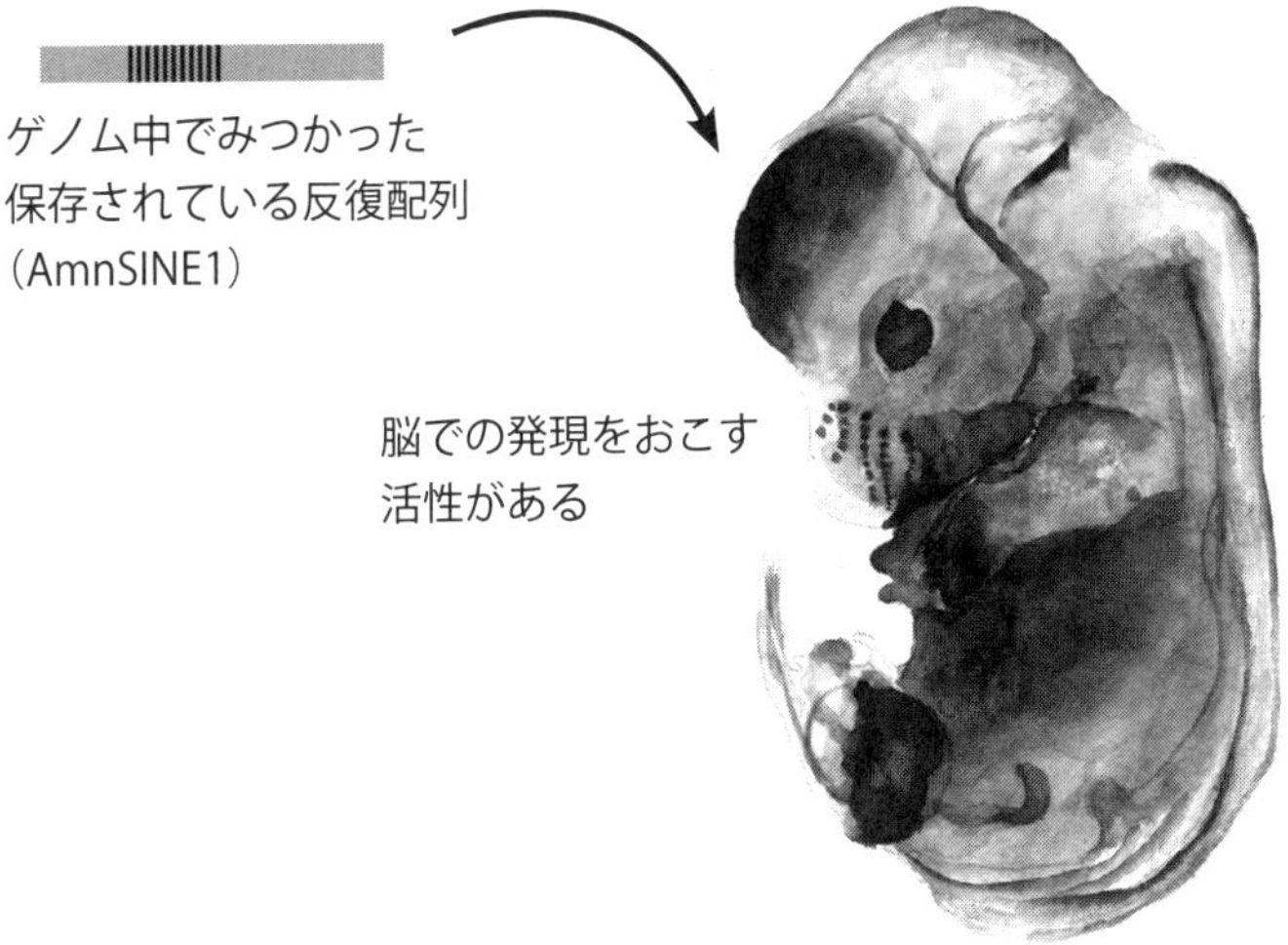

図３． 暗黒部分の反復配列が変化して、脳の発生に不可欠な遺伝子の発現を制御する領域となっていることが明らかになっています。

ＤＮＡ配列が、完全に失われてしまっても何も影響がおきないというパラドックスに陥ってしまったのです。解決したかにみえたゲノムの暗黒部分の謎は、さらに深まりました。

ゲノム進化の謎——無から有を生み出す進化の仕組み

科学者は考え方を変えなければいけないのかもしれません。ある機能が生物にとって重要であることと、それを失うことによって重大な異常に直結するということを短絡的に結びつけるべきではないのでしょうか？

生物の進化は、非常に長い時間にわたって世代を重ねた結果おきてきたものです。実験室での限られた時間でわかることは少ないのかもしれません。ゲノムの暗黒部分の存在は、性急に答えを求めようとする科学者の前に立ちはだかる大きな壁になっていますが、これはむしろ自然の原理の本質に直面している大きなチャンスと考えるべきでしょう。ゲノムがこのような一見むだな領域をもつことが、長い進化時間の中で、むしろ有利に働いている可能性も否定できません。たとえば、この暗黒部分から新しい機能が生まれ、やがて新しい生物機能をになうスーパースターに育っていくということは考えられるでしょうか?

暗黒部分では、機能をもつ配列が生まれても消えても、それが生物に与える影響は小さいのだとすれば、比較的自由に新しい機能の種が生まれ育つことができる理想的な環境だともいえるでしょう。そんな暗黒部分から生まれる新しい機能領域は実在するのでしょうか?

科学者は暗黒部分を調べて、ついにそのような機能領域が新しく生まれている証拠をつかみました。暗黒部分の大部分を占める反復配列が変化して、脳の発生に不可欠な遺伝子の発現を制御する重要な領域となってゲノムに定着していることが明らかになりました（**図3**）。しかもこのような領域は複数あることがわかっています。

ゲノムの進化の謎はまだ解決にはほど遠い状況ですが、一見不可解なゲノムのありようが、進化という生命の根源的な性質を考えると不思議とつながってくるように感じられます。解読されたゲノム配列情報と、進化という長い時間での視点を得て、生命科学は新しい次元の発展の時期に来ているのです。

第III部 ゲノムの謎

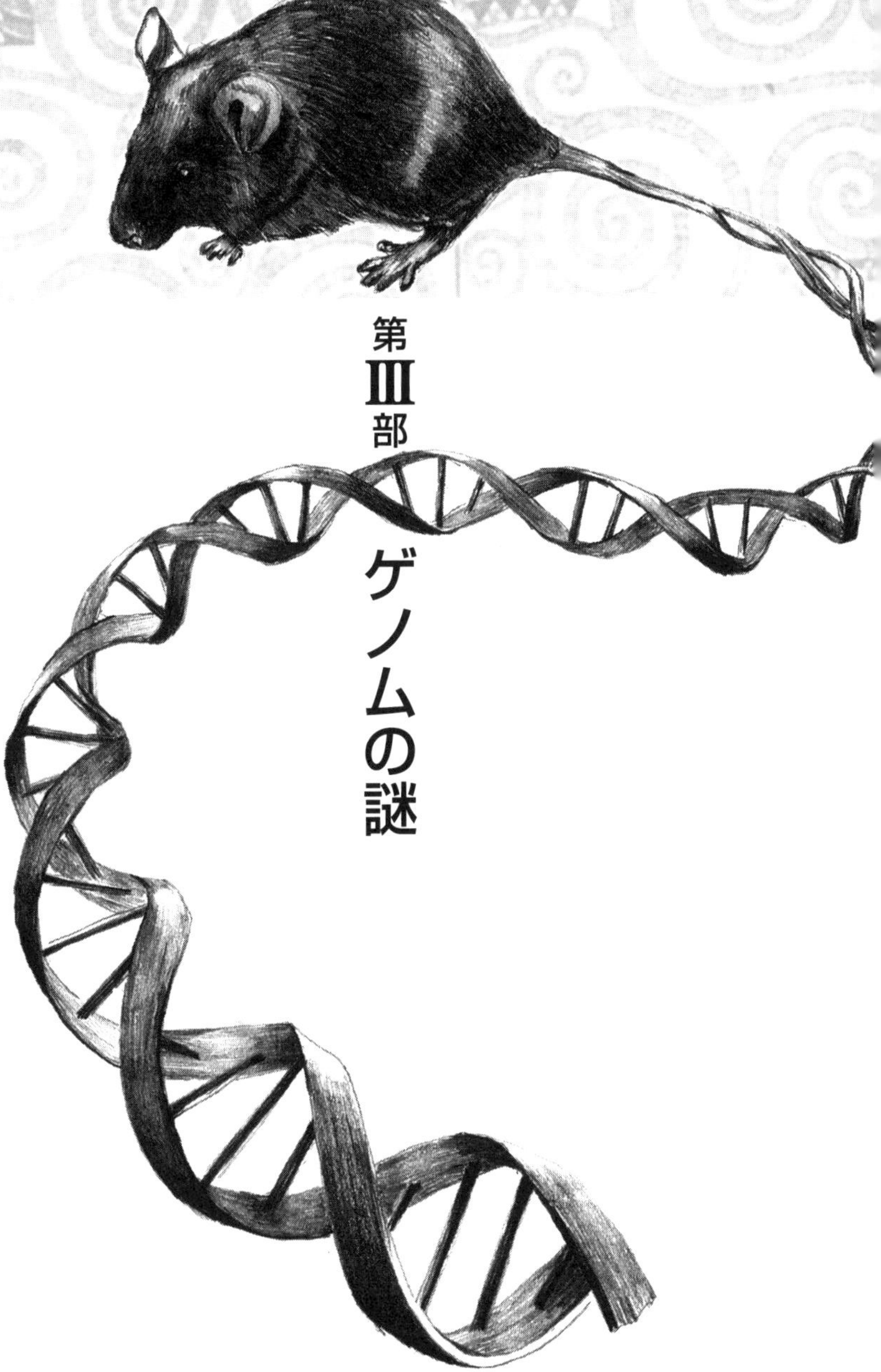

第9章

DNA複製の謎

細胞の中のDNAの数はどうなっているのか？

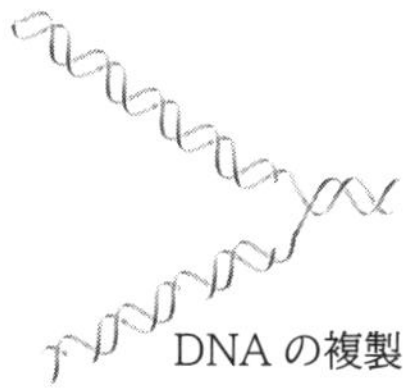
DNAの複製

筆者：荒木弘之

「出芽酵母（パン酵母）を材料に、染色体DNAが細胞分裂周期と調和して倍加していく機構（複製機構）を研究している。」

生物はDNAに書いてある設計図にしたがってできています。そして、生物をつくっている細胞の中のDNAの数は、それぞれの細胞で同じになります。もし数が増えたりすると、DNAに書かれた設計図である遺伝子の数も増えて、細胞が大きくなったりしてしまいます（これを利用して大きな果物をつくったりすることはできますが、味はどうでしょう?:）。生物をつくる細胞の大きさや形は決まっていますが、これがまちまちになると、生物の形を正確につくることもできないのです。また、一部の遺伝子の数だけが増えると、病気になることもあります。

生物はこのような問題がおこらないように、正確にDNAを2倍にする（DNA複製とよびます）仕組みをもっています。その仕組みはまだわかっていないこともたくさんありますが、どのようにDNAが複製するのかをまず説明しましょう。

ＤＮＡを複製する仕組み

ここでは、ＤＮＡを複製する仕組みがよくわかっている出芽酵母を用いて説明します。この酵母はパンを焼く時やお酒をつくる時に使うあの「こうぼ」です。酵母とヒトが同じというとおどろかれるかもしれませんが、どちらも核をもち（真核生物とよびます）、ＤＮＡを複製す

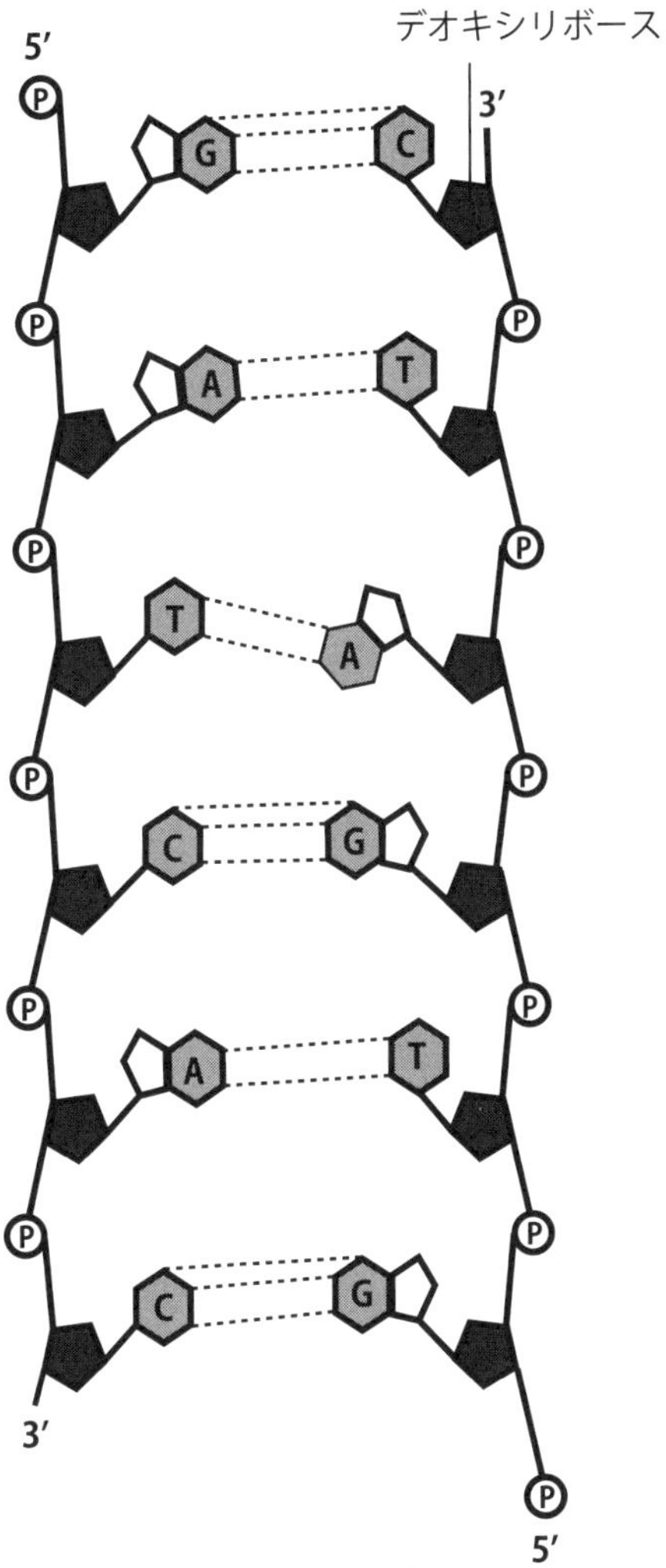

図１．DNA の構造

る基本的な仕組みはよく似ています。

ＤＮＡは**図１**のように、デオキシリボースという糖と、糖を結ぶリン酸と、アデニン（Ａ）、チミン（Ｔ）、シトシン（Ｃ）、グアニン（Ｇ）という四つの塩基からなっています。塩基はＡ＝Ｔ、Ｃ＝Ｇというペアをつくるという規則があります。

両側の鎖には方向性があります。**図１**には、5'と3'と書いてありますが、２本鎖はちょうど逆向きに走っていることを示しています。さて、このＤＮＡがどのように複製するのでしょう？

ここでは、塩基のペアをつくる規則が重要な働きをします。２本鎖の片方を鋳型に用いてその反対の鎖を合成していくのです。この時、ただＤＮＡとそのもとになる材料（ヌクレオチド）があればよいというのではありません。ここでは、ＤＮＡポリメラーゼという酵素が働いて合成をします。

この合成反応は、細胞周期のひとつの時期であるＳ期とよばれる時期におこります。もっとも、ＤＮＡが合成されるので、「合成」という意味の英語Synthesisの頭文字Ｓをとってこうよぶのですが。細胞は分裂する時期、Ｍ期とＳ期の間にＧ１（ＧはＧａｐの頭文字）とＧ２期をもち、Ｇ１→Ｓ→Ｇ２→Ｍという細胞周期をくり返しています。ＤＮＡの複製は当然Ｓ期でおこるのですが、Ｓ期以外の時期も重要です。ＤＮＡ複製は、その開始に調節されているので、まずは複製の開始からみていきましょう。

複製は染色体DNAの決まった場所から始まります。出芽酵母では100塩基程度の領域が複製の開始する場所として特定することができます。これがヒトなどになりますと、複製を開始する場所は1万塩基の中のどこかから始まるというように、まるで開始ゾーンをつくっているようにみえます。複製の開始するところを開始領域とよびますが、出芽酵母では300〜400の開始領域があると考えられています。

どのようにして開始領域が決まるのか?

では、どのようにして開始領域は決まるのでしょうか? **図2**をみて下さい。

複製が開始するところにはOrc(Origin Recognition Complex:開始複合体)というタンパク質の複合体(Orc1〜6の6つのタンパク質の複合体)が結合します。このOrcの性質が、複製の開始場所を決めるのに重要です。

出芽酵母のOrcは、「(AまたはT)+TTTATGTTT+(AまたはT)」という塩基の配列を認識して結合します。しかし、ヒトなどの哺乳類のOrcは、DNAに結合する性質はあるのですが、どうも塩基の配列を認識していないようなのです。それでは染色体DNA上のどこへでもベタベタと結合するのかというと、そうでもありません。染色体DNAは裸ではなく、ヒストンなどのタンパク質が結合し複雑な構造をとっていますので、その中で結合しや

第Ⅲ部 ゲノムの謎

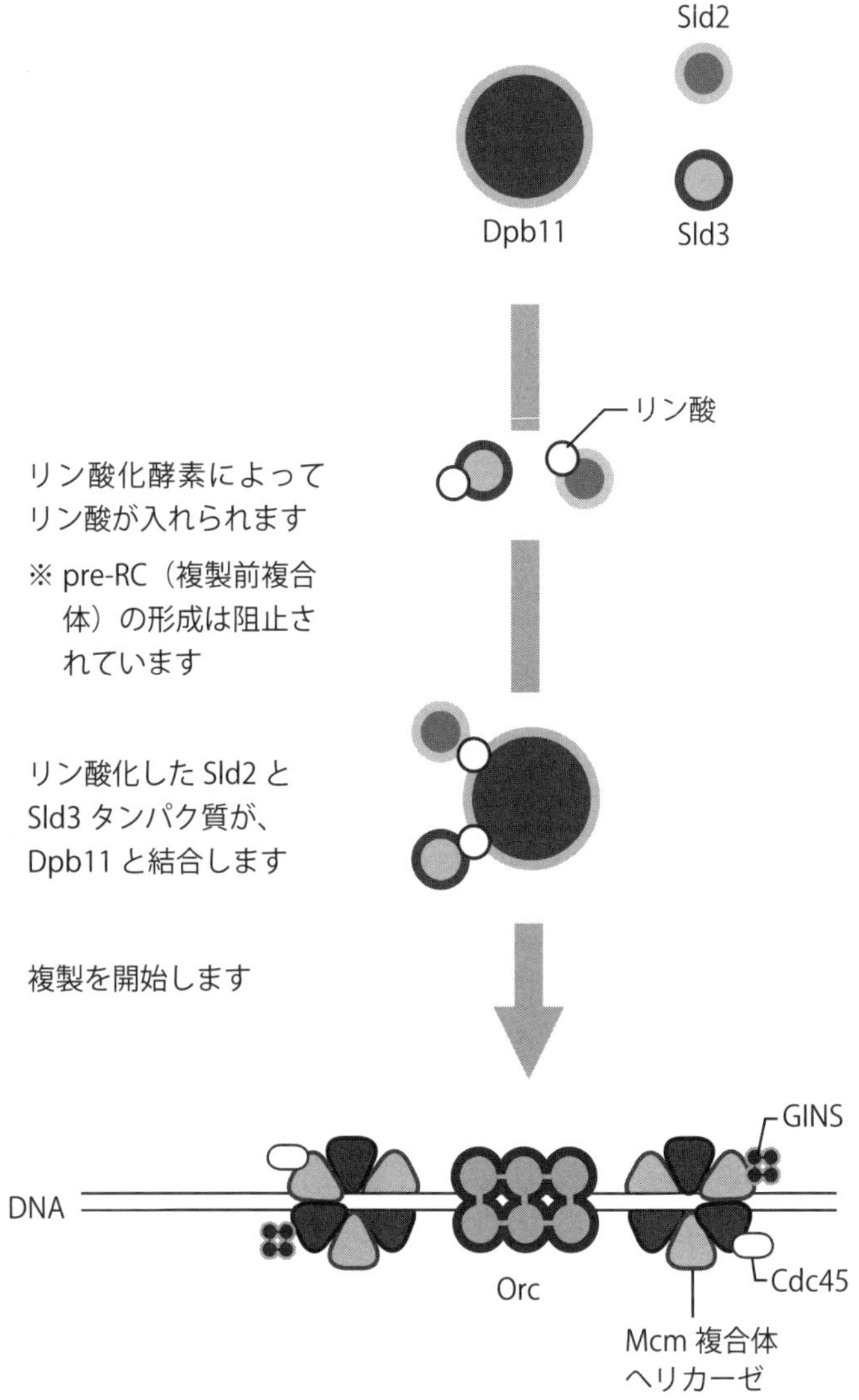
Sld2
Dpb11
Sld3
リン酸
リン酸化酵素によって
リン酸が入れられます
※ pre-RC（複製前複合
体）の形成は阻止さ
れています
リン酸化した Sld2 と
Sld3 タンパク質が、
Dpb11 と結合します
複製を開始します
GINS
DNA
Orc
Cdc45
Mcm 複合体
ヘリカーゼ

図 2．DNA 複製開始の仕組み

すいところに結合するようです。ですから、結合しやすいところが決まっていて、そこに結合することになります。

このＯｒｃ、出芽酵母ではいつも複製開始領域に結合しています。しかし、ヒトではＯｒｃを構成するＯｒｃ１タンパク質は、Ｇ１期に複製開始領域に結合することが知られています。

どのようにしてDNA合成が始まるのか?

Ｏｒｃが結合しただけでは、もちろん複製は始まりません。ＤＮＡは２本鎖ですが、ＤＮＡを合成するＤＮＡポリメラーゼは、２本鎖のままでは合成できないのです。２本鎖を１本鎖のＤＮＡにほどくＤＮＡヘリカーゼという酵素が知られています。この酵素は、細胞のエネルギーのもととなる物質であるＡＴＰのエネルギーを使って、２本鎖のＤＮＡを１本鎖にします。複製開始領域では、Ｏｒｃの結合した場所にこのヘリカーゼが結合します。

染色体ＤＮＡの複製にはＭｃｍ複合体というヘリカーゼが働きます。このＭｃｍ複合体は、Ｍｃｍ２〜７の６つのタンパク質からなっています。では、どうやってＭｃｍヘリカーゼは複製開始領域へ結合するのでしょうか?

この結合には、Ｃｄｃ６とＣｄｔ１という2種類のタンパク質が必要です。どのようにＭｃｍをＤＮＡ上に結合させるのか詳細にはわかりませんが、Ｃｄｃ６はＡＴＰを分解することができ、この分解で生まれたエネルギーを結合のために使っているようです。Ｏｒｃを構成しているタンパク質もＡＴＰを結合するので、この結合もＭｃｍの結合に必要なのかもわかりません。

Ｍｃｍは環状で、２本鎖を１本鎖にほどいている時には、その真ん中の穴に１本鎖のＤＮＡが入っていますが、最初に開始領域に結合した時には２本鎖のＤＮＡが入っています。どのように、２本鎖から１本鎖に切り換えるのか、今、論争の真っ最中です。

ここで結合したＭｃｍだけでは、強いヘリカーゼ活性（２本鎖ＤＮＡを１本鎖にほどくこと）を示しません。このヘリカーゼ活性を強くするものがふたつあります。Ｃｄｃ45タンパク質と４つのタンパク質からなるＧＩＮＳ複合体です。このふたつがＭｃｍとしっかり結合すると、強いヘリカーゼ活性を示します。

これらがどうやってＭｃｍと結合するのかが重要なのですが、その前にもう少し細胞周期とタンパク質にリン酸を結合させる酵素（リン酸化酵素）について説明しましょう。なぜならその酵素の働きが、これからの鍵をにぎるからです。

複製の開始を制御するリン酸化酵素

複製の開始を制御するリン酸化酵素はふたつあります。ひとつはサイクリン依存性キナーゼ、略してCDKとよばれるもので、もうひとつはCdc7キナーゼあるいはDbf4依存性キナーゼとよばれるものです。CDKはサイクリンとよばれるタンパク質が結合すると活性化する酵素で、G1期からS期への進行（複製の開始）だけでなくM期の開始にも必要な、細胞周期を制御する大変重要なリン酸化酵素で、いまからの話の中心となるものです。

タンパク質はアミノ酸が連なったものですが、アミノ酸の中には水酸基（OH）をもったものがあります。それはセリン、スレオニン、チロシンですが、CDKもDDKもセリンとスレオニンの水酸基にリン酸を転移させることができます。どこにあるセリンやスレオニンでもリン酸を入れることができるのではなく、タンパク質の構造やアミノ酸の配列に依存して、決まった場所のセリンやスレオニンにリン酸を入れることができるのです。ですから、CDKが必要だということは、どれかのタンパク質にリン酸が必要だということなのです。

どのような複製に必要なタンパク質にリン酸が入ると複製が開始するのかはあとで述べるとして、CDKが活性化すると何がおこるのかをまずは説明します。先ほど述べましたCdc45とGINSが、Mcmとしっかりとした結合をすることに必要なのです。このことは、Mcmが複製開始領域にCDKが無くても結合し、CDKが活性化するとMcmがヘリカーゼ活性を示すことを意味しています。この時に、DNAを合成するDNAポリメラーゼがやってきて複製が開始するのです。

さて、先ほどの疑問に戻って、CDKが活性化するとどうしてCdc45=GINS=Mcm

がしっかりと結合するのでしょう？　それはまだわからないのですが、ひとつの鍵となることがわかっています。先ほど述べたように、ＣＤＫがリン酸をタンパク質に導入すると、リン酸をもった特定のタンパク質と結合するもうひとつのタンパク質があるのです。いろいろな構造やアミノ酸の配列から、鍵と鍵穴の関係のように決まったタンパク質だけがリン酸を導入すると、結合する配列があるのです。

ずっと説明に使ってきた出芽酵母ではふたつのタンパク質、Ｓｌｄ２とＳｌｄ３に、ＣＤＫによりリン酸が導入されると、もうひとつのタンパク質Ｄｐｂ11に結合します。Ｄｐｂ11には、リン酸化タンパク質に結合する場所があって、ひとつはリン酸化したＳｌｄ２と、もうひとつはリン酸化したＳｌｄ３と結合します。この結合がおこると、Ｃｄｃ45＝ＧＩＮＳ＝Ｍｃｍができて、ヘリカーゼが働きだすのです。

でも、どうしてＳｌｄ２、Ｓｌｄ３、Ｄｐｂ11が結合すると、ヘリカーゼが働きだしたりＤＮＡポリメラーゼやってきてＤＮＡの合成を開始するのかは、これから調べなければわからない大きな謎です。

細胞周期に一度だけおこるのはなぜか？

ここまでで一応、複製の開始にどのような反応がおこるか、おわかりいただけたでしょうか？　では、この反応が細胞周期に一度だけおこるのはなぜかという最初の謎解きをしましょう。ＣＤＫはＳｌｄ２、Ｓｌｄ３をリン酸化しますが、Ｏｒｃ、Ｍｃｍ、Ｃｄｃ６もリン酸化します。Ｃｄｃ６はリン酸化されると分解されてしまいます。Ｍｃｍはリン酸化されると核の外に出されてしまいます。ＤＮＡは核の中にありますから、もうＭｃｍはＤＮＡに近づくことができません。しかし、すでにＤＮＡに結合したものは核の外には出ません。

　またリン酸化されたＯｒｃは、ＭｃｍをＤＮＡに結合させる反応をうまく進めることができなくなります。ですから、一度ＣＤＫが働きだすと、もうＭｃｍはＤＮＡに結合できなくなるのです。つまり、すでにＤＮＡに結合しているＭｃｍだけが使えて、これはＤＮＡ合成が始まっていれば開始領域から外に動いていますので一度しか使えません。

　人工的にＣＤＫ活性を落とすと、実際にまた複製が開始します。また、アフリカツメガエルやヒトなどでは、Ｓ期に入るとジェミニンとよばれる因子がＣｄｔ１と結合して、Ｍｃｍの複製開始領域への結合を抑えることが知られています。

第10章

タンパク質の立体構造の謎

遺伝子から超小型機械「タンパク質」はどのようにできるのか？

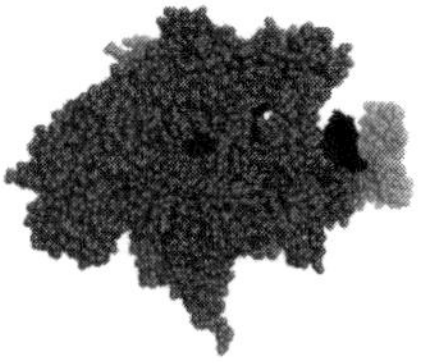

タンパク質の立体構造

筆者：伊藤　啓

「形は機能を表わす――遺伝情報が受け継がれ生物現象として現れる仕組みについて、分子機械タンパク質がもつ形と機能との関係を明らかにすることで迫ろうとしている。」

生物の設計図＝遺伝子

あなたはお父さん似ですか？

それともお母さん似？

顔の似ている、似ていないはひとつの例ですが、このように生物のもつ特徴は親から子へと代々受け継がれていき、これを「遺伝」といいます。遺伝を担う物質は、ほぼ全ての生物でDNAです。

DNAは糖とリン酸、塩基で構成されるデオキシリボヌクレオチドという物質が鎖状につながってできています。この塩基にはアデニン（A）、チミン（T）、グアニン（G）、シトシン（C）の4種類があります。遺伝情報はこの、A、T、G、Cのたった4つのアルファベットで表現できる「文字列」の情報として記録されています。DNA上で遺伝情報を記録している部分は「遺伝子」とよばれ、生物の体をつくり上げ、その生活を支えるために必要な全ての情報を含んでいます。

生物に必須の機能部品＝タンパク質

設計図は、ある目的を果たすために必要となる機械のつくり方などを示したもので、それにしたがってつくられた機械が実際の機能を果たします。生物も基本は一緒で、遺伝子の情報にしたがって機能部品となる物質がつくられ、それら物質が細胞の中でおこるさまざまな現象を担っています。

そうした担い手のひとつに、「タンパク質」があります。体を動かす筋肉もタンパク質でできていますし、体の中でおこるさまざまな反応をつかさどる酵素も、そのほとんどがタンパク質であるなど、生物が生きていくためには多種多様なタンパク質が幅広くかかわっていて、タンパク質無しでは生物は存在し得ません。

タンパク質は、アミノ酸がペプチド結合で鎖状につながったポリペプチド鎖でできています。その合成過程は、遺伝子の情報がRNAポリメラーゼという酵素によってメッセンジャーRN

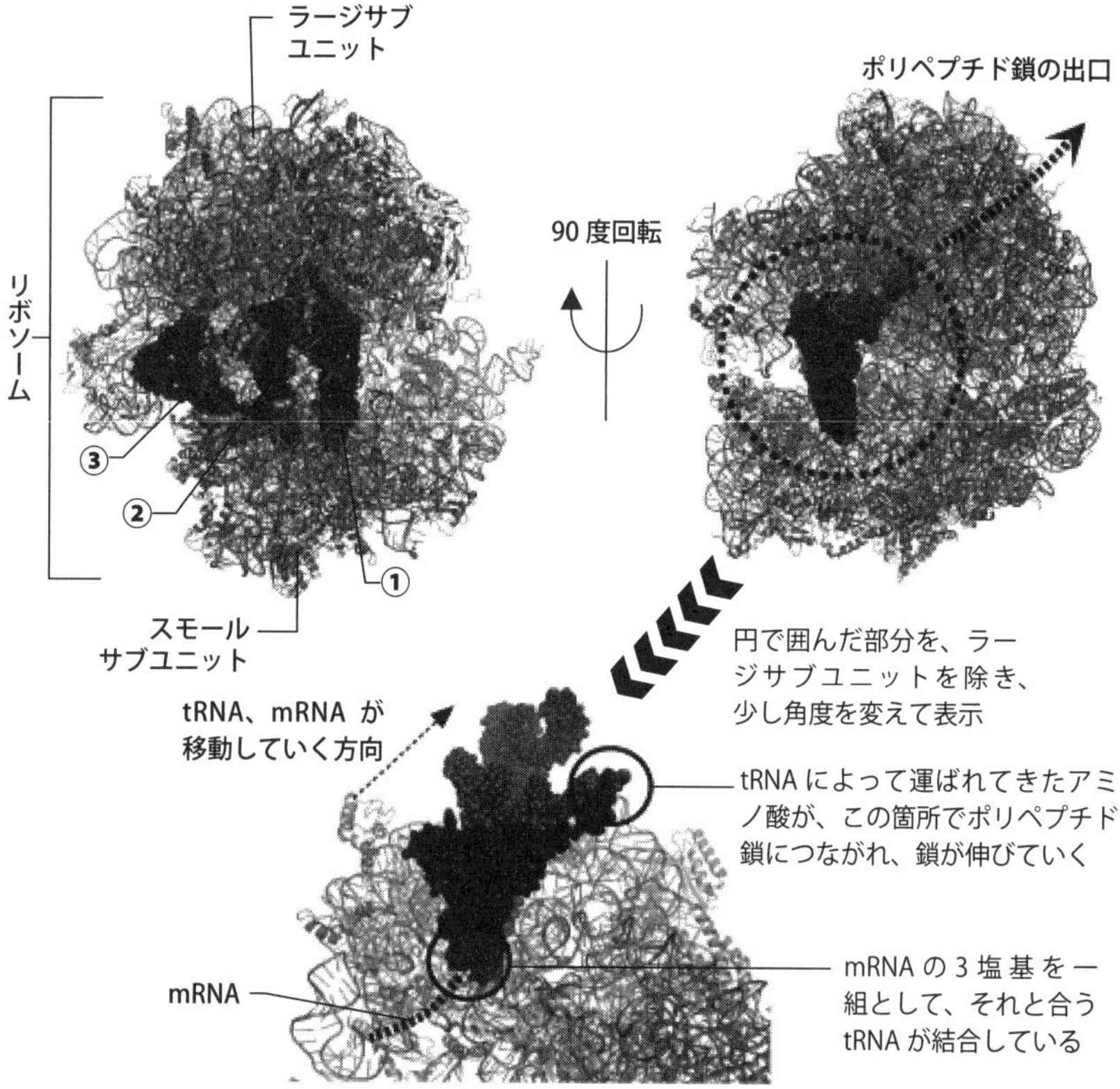

図 1. 塩基の並び順からアミノ酸への変換は、リボソーム上でトランスファー RNA (tRNA) によっておこなわれます。細胞内には 20 種類のアミノ酸それぞれに対応した tRNA があり、mRNA 上の遺伝暗号に対応するアミノ酸をリボソームへ運びます。リボソームには 3 つの tRNA が入る空間があり、アミノ酸を結合した tRNA は図中①の位置に結合します。そのアミノ酸と、②の位置の tRNA がもっていたポリペプチド鎖が結合し、鎖が伸長します。役目を終えた tRNA は③の位置へ移動し、リボソームから外れます。これの作業をくり返すことで、遺伝子の情報がアミノ酸の並び順へと順次置き換えられていきます。

Ａ（ｍＲＮＡ）へといったんコピーされ、リボソームというタンパク質合成工場（ＲＮＡとタンパク質で構成される複合体）において、アミノ酸がメッセンジャーＲＮＡの情報にしたがって順番につながれてできます（**図1**）。

生物はいろいろな種類のタンパク質をもっていて、バクテリアで数千種類、ヒトではおよそ２万数千種類のタンパク質をもつといわれています。

タンパク質が、ＤＮＡなど細胞内に存在するそのほかの鎖状の分子と大きく異なる点は、それぞれのタンパク質が固有の立体構造をもつことです。リボソームで合成された後のポリペプチド鎖は規則正しく折りたたまれ、それぞれのタンパク質に特徴的な立体構造を形成します（**図2**）。

Ａ、Ｔ、Ｇ、Ｃの文字列である遺伝子の情報から、３次元的な形をもつ細胞・生物ができているのは、タンパク質が立体構造をもつからだといってもよいぐらいです。では、その大切なタンパク質の立体構造は、どのようにつくられるのでしょうか？

タンパク質を組み立てるのもタンパク質

タンパク質の立体構造は、タンパク質を構成しているアミノ酸どうしの親和性で保たれています。天然に存在するタンパク質に含まれるアミノ酸は20種類あり、酸性だったり塩基性だっ

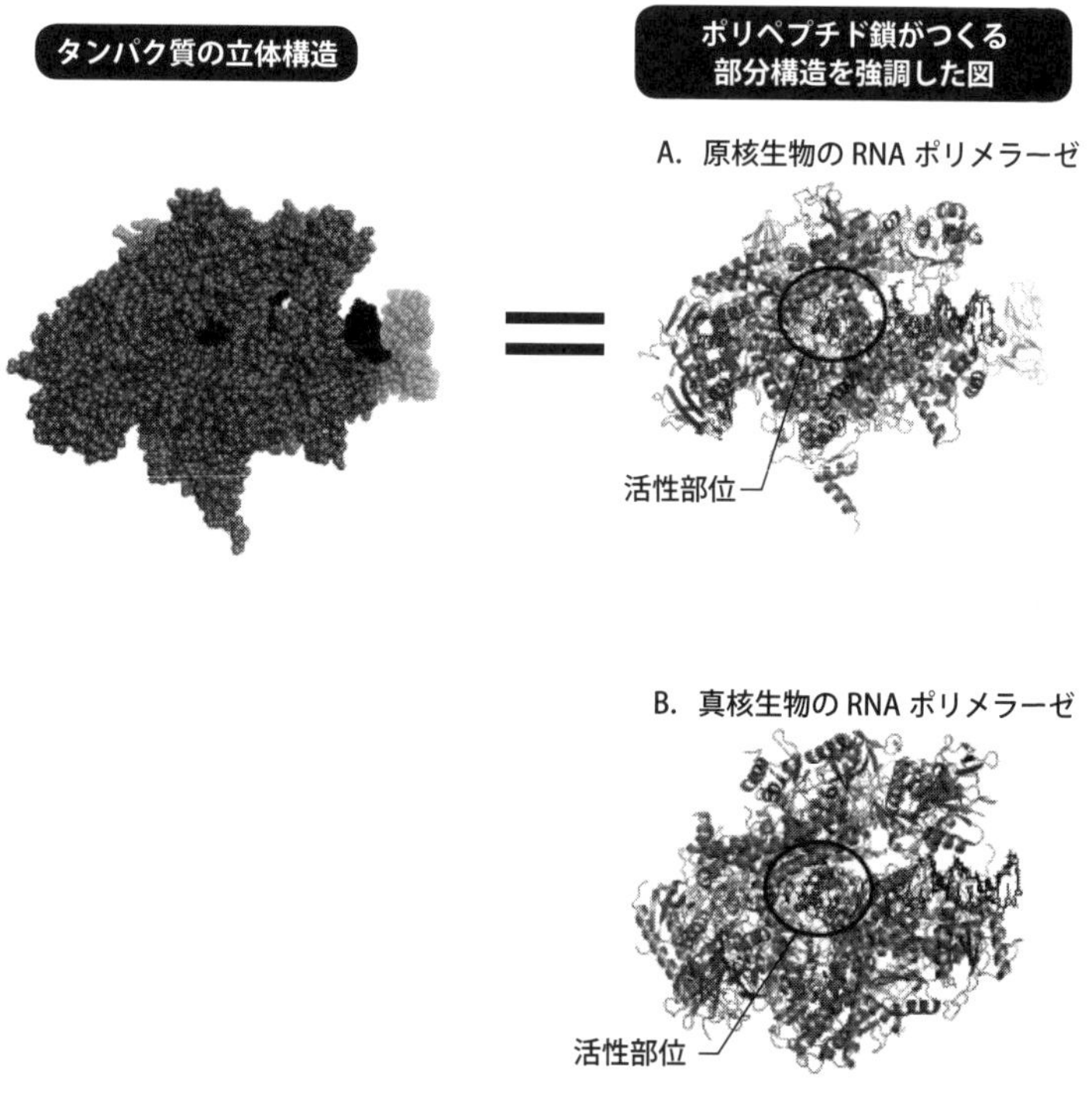

図 2．上段、左右ふたつの図はどちらも同じタンパク質（原核生物の RNA ポリメラーゼが転写中に形成する DNA と RNA との複合体）をあらわしています。左の図のようにタンパク質の全体構造は複雑ですが、右の図のようにポリペプチド鎖が局所的につくる特徴的な部分構造に注目して模式化すると、そのタンパク質がもつ立体構造の特徴がよくわかります。

また、同じ働きをもつタンパク質どうしは、似た立体構造をもちます。原核生物由来（A）と真核生物由来の RNA ポリメラーゼ（B）は、それぞれ酵素の構成や大きさに違いがありますが、転写という共通する反応を触媒するために似た構造をしていて、特に活性部位の構造がそっくりです。

たり、水に溶けにくい性質をもっていたり、それぞれ性質が異なります。水に溶けにくいアミノ酸どうしはタンパク質の内側に集まる性質があり、酸性のアミノ酸と塩基性のアミノ酸は磁石のように互いに引きあったりするのです。

しかしこれは同時に、立体構造が不完全な状態のタンパク質どうしは互いに絡みつきやすく、こんがらがって容易にはほどけない凝集体をつくってしまうことも意味します。糸くずはくっついて絡まりやすく、いざ解こうにも結び目ができたりして解けなくなってしまうことに似ています。

細胞の中、リボソームでは1秒間あたり15〜20個という速さでアミノ酸が結合され、新しいポリペプチド鎖が伸びていきます。タンパク質の立体構造はドメインとよばれる構造上まとまった単位ごとに形成されることがわかっていて、おおよそ100〜300アミノ酸ごとに立体構造が完成します。それまでの間、新しく合成されるタンパク質は立体構造が不完全な状態です。

ところが、細胞の中はおどろくほどに混みあっていて、たとえば生物学研究のモデル生物として研究がもっとも進んでいる大腸菌を例にあげると、体積0・6〜0・7立方マイクロメートル（マイクロメートル＝1000分の1ミリメートル）ルという小さい細胞の中に、1リットル当たり300〜400グラムという高い濃度でほかのタンパク質や核酸などの物質がギュウギュウに詰めこまれている状態です。リボソームから出てきた新生タンパク質も、そのままでは正しい立体構造を形成する前にほかの物質と絡まって凝集してしまい、細胞の中はたちまちできそこないのタンパク質で埋めつくされ、害となりかねません。

このように、非常に混みあった細胞内で凝集を防ぎつつ、正しくタンパク質の立体構造を形成するために、生物は新生されるタンパク質の立体構造形成を手助けする「シャペロン」とよばれるタンパク質の一群をもつことがわかっています。

細胞の中ではさまざまなシャペロンが互いに連携しながら働いていて、リボソームから出てくる合成途中のポリペプチド鎖を凝集から守り、立体構造を形成途中のタンパク質が正しい立体構造に折りたたまれるのを手助けしています。

これまでに知られているところでは、大腸菌の細胞質に存在するタンパク質のうち、分子量が小さいものを中心に、およそ60〜70％がシャペロンに守られながら、自力で立体構造を形成します。残りの、より複雑な立体構造をもつ分子量の大きなタンパク質は、引きつづきシャペロンの手助けを得ながら立体構造を完成させるといわれています。

当初、シャペロンは「立体構造が未成熟なタンパク質に一時的に結合し、成熟するのを介添えするタンパク質（＝chaperon：付添人）」として定義されていました。しかし、それだけでなく、さまざまな生物機能の調節に大切な役割を果たしていることがわかりつつあります。

たとえば、ミトコンドリアなど細胞内小器官への新生タンパク質の輸送にかかわったり、立体構造のつくり換えをつうじてタンパク質の機能調節をおこなったり、細胞内にたまったタンパク質の凝集をほどいて元の立体構造へと変換あるいはアミノ酸としてバラバラに分解し再利用する手助けしたりすることが知られています。

塩基の並び順とタンパク質立体構造にかかわる謎

近年、A・T・G・Cという塩基の並び順を丸ごと全部決めようとするゲノム解析プロジェクトが大規模に進められ、ある生物の遺伝情報の全体が次々に明らかにされつつあります。しかし、その一方で、単純な生き物とされているバクテリアにおいてさえ、いぜん生物としての仕組みの多くは謎に包まれたままです。

なぜなら、塩基の並び順だけを知るだけでは不充分で、その文字列のもつ意味、つまりその情報からつくられるタンパク質がどのように働くことで、どのような生物現象がうまれるのか、といった仕組みを理解する必要があり、それが一筋縄ではいかない難問だからです。

塩基の並び順がわかると、タンパク質を構成しているポリペプチド鎖のアミノ酸の並び順を知ることができます。アミノ酸の並び順が異なるタンパク質であっても、似た働きをもつものどうしは互いに類似した立体構造をもつなど、タンパク質の立体構造はその働きと密接な関係にあることがわかっています（**図2**参照）。

つまり、アミノ酸の並び順からそのタンパク質がどのような立体構造を形成し、どのような働きをもつようになるのか、それを予測することが可能になれば、ゲノム解析プロジェクトで得られた遺伝情報は大いに活かされ、生物現象への理解は大きく進むと期待されます。

しかし現在は、タンパク質のアミノ酸の並び順と立体構造との関係を解き明かすことには、まだ成功していません。コンピューターを用いて、アミノ酸配列をもとにタンパク質の立体構造を一から予測する試みも数多くなされていますが、いままでのところ成功例は小数のアミノ酸でできた小さいタンパク質に限られています。

それ以外では、構造を知りたいタンパク質とよく似たアミノ酸配列をもち、立体構造がすでに知られている類似タンパク質をお手本にして予想する手法のみが、それなりに参考にできるレベルに達しつつあるという状態です。したがって、タンパク質の働きを詳しく知るためには、どんなに手間と時間がかかっても（実際にかかるのですが）、それぞれの立体構造を実際に決めるしかなく、それがタンパク質の研究、ひいては生物現象への理解を難しくしている理由のひとつともなっています。

タンパク質の立体構造を決定する手法としては、現在、X線結晶構造解析法、核磁気共鳴（NMR）法や極低温電子顕微鏡が主に用いられています。これまでに決定された数多くのタンパク質の立体構造はタンパク質構造データバンク（PDB）というデータベースに登録され、世界中の研究者（のみならず一般の人たちも）共有の知的財産として、ウエッブをつうじていつでも利用できるように整理されています。得られた情報をもとに、そのタンパク質の機能に重要と予想されるアミノ酸を無くしたり別の種類に置き換えてみたりして、元とくらべて機能がどう変化するかなどの解析が進められています。

解析結果と考え合わせることで、タンパク質の働きを、タンパク質を構成している「原子の動き」として理解することができます。このように分子の形にもとづいて生物の機能を理解しようと試みる学問領域は、「構造生物学」とよばれ、基礎科学の分野のみならず医療や製薬の分野からも注目されています。

病気の治療のために服用する「薬」は、そのほとんどがタンパク質に結合する化合物で、目的タンパク質に結合し、その働きに影響を与えます。副作用を減らし、より効く薬を開発するため、結合相手であるタンパク質の立体構造を知ることが役立ちます。

生物の進化が磨き上げてきた超小型機械＝タンパク質

私は構造生物学が専門ですが、「タンパク質のこの部分がこう動くから、こういう働きになる」という具合に、タンパク質の立体構造からその機能が説明されるたびに、タンパク質は「まるで機械のようだ」と感じます。たとえば鉛筆とハサミ。どちらも文房具とよばれる道具ですが、前者は字を書くための、後者は物を切るための必然的な形をそれぞれ備えています。タンパク質も同様で、形は機能をあらわしており、さらにはその形＝立体構造が機能ごとに部品化されて構成されている（ドメイン）ところなど、私たちの身近に存在するいわゆる機械とよばれる道具類と共通する性質をもっています。

そして生物現象も一見神秘的にみえはしますが、生物だけに有効な何か特別な原理が有るわけではなく、あくまでも物理と化学の一般的な法則にもとづいた現象の積み重ねの結果であることに改めて気付かされるのです。

タンパク質は超小型の分子機械といえ、それらが協調的にうまく作動することによって、生物の健康な状態が維持されています（そのバランスが崩れた状態が、いわゆる「病気」や「死」です）。アミノ酸の並び順と立体構造の関係を含めて、今後タンパク質への理解が進むことにより、基礎科学方面においては生物の仕組みへの理解がより深まることに貢献する一方で、視点を変えれば分子機械としてのタンパク質の仕組みを工業的に利用するという応用面での発展も可能となるでしょう。そのどちらにおいても、自然界が数十億年の進化の過程で磨き上げてきた「超小型機械＝タンパク質」に、私たちが学ぶことはたくさんありそうです。

第11章

行動の遺伝の謎

性格は親から子へと受け継がれるのか？

イヌの親子

筆者：小出　剛

「ありふれた行動にかかわる遺伝的基盤を理解することを目的として、行動遺伝学を進めている。特に、野生由来マウスと愛玩用マウスの行動の違いにかかわる遺伝子の解明を目指している。」

顔かたちは遺伝する

電車の中で向かい側に座った親子の顔をみて、その遺伝の力の強さに思わず感心してしまうことはないでしょうか？　あるいは、友人の子どもの顔に浮かぶ親の面影に、なんとなくほのぼのとすることも多いでしょう。確かに人の顔の特徴は遺伝しているケースがよくみられます。私たちは、このような顔かたちが遺伝することと同様に、性格や行動についても親から子へと遺伝しているとなんとなく思っています。実際、「この子は父親に似て気が強くて……」などという話題はよく耳にします。しかし、実際にはどうなのでしょうか？

双子の性格は似る

一卵性双生児がその容姿だけでなく、性格や行動もお互いよく似ていることが一般に知られています。たとえば、テレビの番組などでも双子が同時に同じように返事をしたりする様子などをみることもあります。「お互いに考えていることがわかる」と表現する一卵性双生児もいたりします。では、本当に似ているのでしょうか？　もし似ているとすると、それは遺伝子がまったく同じだからでしょうか？　それとも、双子は同じような生活環境にいるからどうしても似てくるのでしょうか？

この疑問に対しては、これまで双生児研究という手法を用いて精力的に研究が進められてきました。遺伝子を１００％共有する一卵性双生児と、通常の兄弟と同じ50％の遺伝子共有をする二卵性双生児を比較することで遺伝子の効果を調べることができます。このような研究から、一卵性双生児が二卵性双生児よりもさまざまな行動形質で、より似ていることが確認されています。

しかし、一卵性双生児は二卵性双生児よりも似ていて当たり前と思われる環境（共有環境）にあるといえます。つまり、周囲は一卵性双生児の二人が似ていることを期待している面もあるからです。このような環境の影響を解析から除外するために、生後まもなく養子としてまったく関係のない別々の家庭（非共有環境）に入り、その後知り合う機会もなく生活をおくってきたような一卵性双生児ペアを調査するような研究もおこなわれています。

このような研究により、環境が異なるにもかかわらず、遺伝子を100%共有することで、どれだけ行動形質が似ているか調べることができるのです。このようにしておこなわれてきた数多くの研究は、環境の影響を差し引いてもなお、遺伝子の共有による影響で、一卵性双生児の行動形質はよく相関していることを示しています。

動物育種で行動を選抜

ヒトと生活をともにしてきたイヌは、その長い歴史の中でさまざまな行動に関して選抜がおこなわれてきました。むしろ、さまざまな犬種は目的に応じて行動を選抜することで開発されてきたといっても過言ではありません。たとえば、猟で打ち落とした獲物をくわえてくるリトリバー、逃げる獲物を早い足で追いかけるのに優れたサイトハウンド、嗅覚に優れたセントハウンド、牧場に散在する家畜をうまく誘導する能力に長けた牧羊犬など、枚挙に暇《いとま》がありません。このような犬種の特徴は、それぞれの犬種集団の中では親から子へと安定して受け継がれています。

このように、行動特性が選抜できることと、いったん犬種として樹立されたあとは安定して集団内でその特徴が維持されることは、身近なところでみられる「遺伝子のなせるわざ」といえるでしょう。

遺伝子が関与することと形質が遺伝することは違う？

以上述べてきたように、一卵性双生児どうしの性格が似ることや、動物育種で行動を選抜できる例から、遺伝要因が性格決定に重要な役割を果たしていることがわかります（**図1**）。このような結果は、性格が親から子どもへと遺伝することの例としてあげられることがしばしばあります。ところが、これらの現象はともに非常に特殊な現象をみているのです。つまり、双生児研究の多くは、遺伝

図1．行動に遺伝子が関与する例
一卵性双生児と犬種は遺伝要因が顔かたちや性格に強く関与していることを示す好例です。

的に100％共有する人（一卵性）が環境の影響を除外してもどれだけ似ているか調べるものです。

また、動物育種は、安定してその性質の個体を得るために、集団内の遺伝的多様性を極端に少なくするよう選択をかけることで、遺伝要因と形質の固定をおこなうものです。

つまり、両者ともグループ内での遺伝的多様性が極端に減少した特殊なケースをみていることを忘れてはいけません。このふたつの例は、性格・行動に遺伝子が重要な役割を果たしていることは示していますが、遺伝的多様性に富んだ自然集団内で性格・行動が次世代に遺伝することを示しているわけではありません。それでは、性格や行動がどのように遺伝するか調べるためには、どうすればいいのでしょうか？

マウスを用いて行動を調べる

ヒトを研究対象とすることは、さまざまな現象を詳細に拾い上げるのに適している一方で、実験的に解析することに制約が多く、研究をするのが難しいことも少なくありません。そこで、同じ哺乳類に属し、小型で世代時間が短く、さまざまな遺伝学的手法が整備されているマウスを用いた研究が精力的に進められています。

マウスはヒトほど高次の精神活動をするわけではありませんが、それでも新奇のものに興

図2．オープンフィールドテスト
ここで示すオープンフィールド装置（縦横60cm 高さ40cmの白い箱で、上方から明るく照らされている）を用いて、広くて明るい新奇な場面に置かれた直後のマウスの行動変化を一定時間観察することで、不安様行動を測定することができます。一般的に、怖がりのマウスは移動活動量が抑制されるとされています。

味や不安を示したり、学習をしたり、攻撃行動や仔育てをはじめとするさまざまな社会行動を示します。したがって、ヒトでみられるさまざまな高次活動の一端をマウスで調べることが可能なのです。

そのマウスでは、遺伝学的解析に適したさまざまな研究用の動物が開発されています。その代表的なものは、近交系統と呼ばれるものです。近交系統とは、同腹の兄妹どうしの交配を20世代以上つづけることにより、同一系統内ではオスメスの差を除き遺伝的に均一（１００％共有）となった集団をいいます。つまり、これは遺伝の効果を多数の個体を用いてくり返し解析することを可能にしています。同時に、異なった系統と比較することで、ヒトの個人差比較にあたるものを系統間比較からおこなうことも可能です。

これまでに多くの研究者がさまざまなマウス系統の行動特性を比較解析し、それぞれのマウス系統がどのような特徴をもっているか明らかにしてきました。たとえば私たちのグループでは、不安や恐怖が関与する情動性を、マウスで測定する際によく使われる行動テストのひとつであるオープンフィールドテスト（**図2**）をもちいて、さまざまな系統の行動特性を解析しました。

ここでわかってきたことは、世界的に広く使用されている一般的な実験用系統であるC57BL／6（以下B6）と比較して、日本産野生マウス由来系統のMSMは、高い不安様行動を示すということです。このような不安様行動の異なるマウス系統は、不安傾向の高い人とそうでない人の違いにかかわる遺伝子を探すよい材料になると期待されます。

このように、系統間で顕著な不安様行動の違いがみいだされてきました。しかし、その原因となる遺伝因子を探す作業は簡単ではありません。特に、個人差のような多様性にかかわる表現型は多数の遺伝子が関与する多因子遺伝現象と考えられており、そのような多因子を効率よく、確実に解析する手法がこれまではほとんどなかったためです。そこで登場したのが、コンソミック系統を用いた遺伝的マッピングです。

コンソミック系統とは、ある近交系統の1本の染色体を、別の系統の対応する染色体と置換

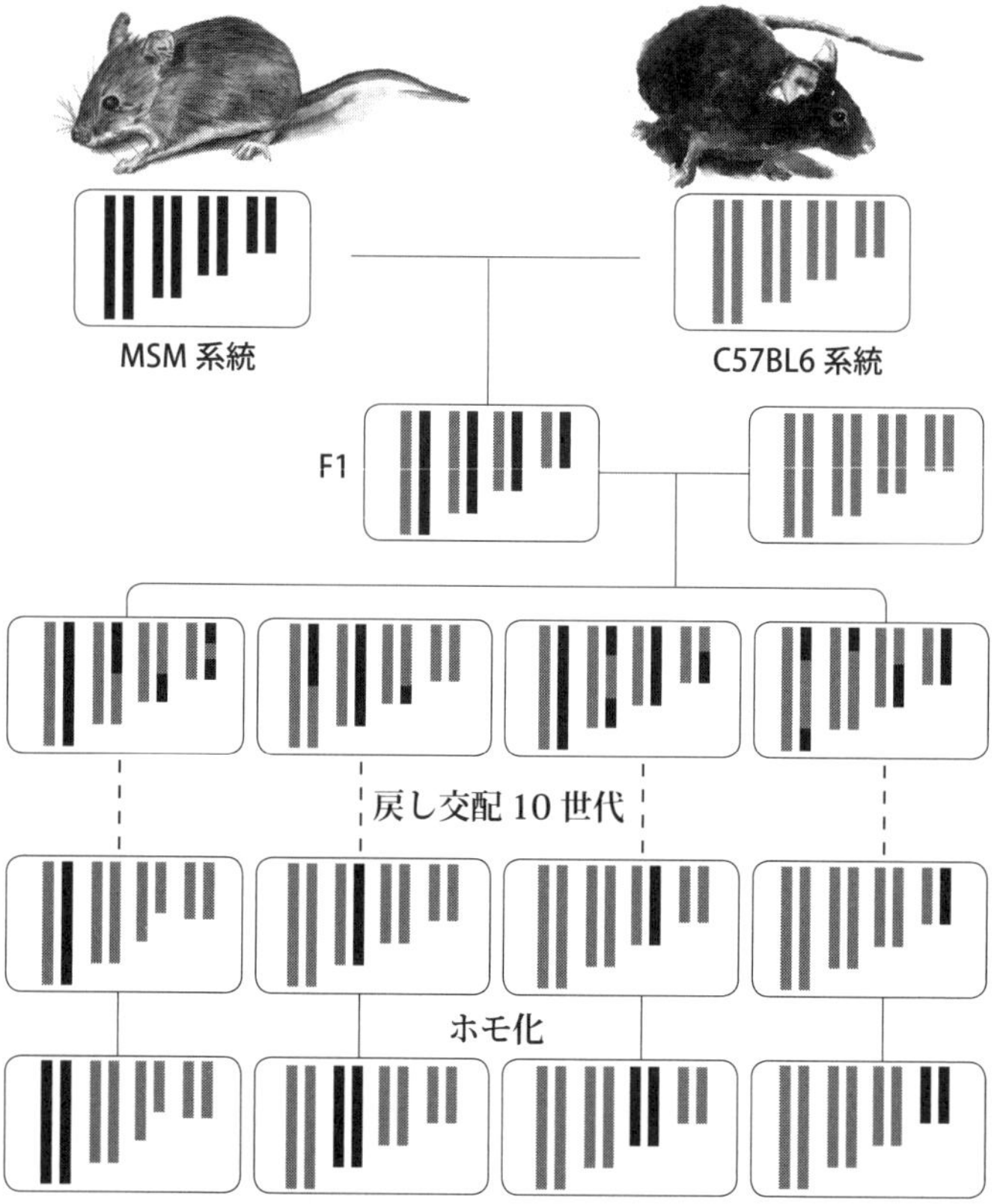

図 3. コンソミック系統の樹立

日本産野生マウス由来系統である MSM を代表的な実験用系統として知られる C57BL/6 系統に交配し、さらにその子孫を 10 世代 C57BL/6 に交配することで、C57BL/6 の染色体のうち任意のひとつの染色体を MSM のものに置換したコンソミック系統が樹立されています。これら一連のコンソミック系統群は、国立遺伝学研究所哺乳動物遺伝研究室の城石俊彦教授と東京都臨床医学総合研究所の米川博通博士らにより樹立されたものです。

したものです。（図3）。マウスの場合には19本の常染色体とX・Yの性染色体が存在するので、理論的には21種類のコンソミック系統ができることになります。このような系統群の表現型を解析して、親系統であるB6系統と表現型に違いがみいだされた際には、その違いにかかわる原因遺伝子は、そのコンソミック系統において置換された染色体上に存在していることが即座に判明するのです。

私たちのグループは、さまざまな行動にかかわる染色体を明らかにするために、一連のコンソミック系統を用いて、自発活動量、不安様行動、痛覚感受性、そして社会行動などについて解析をおこなってきました。ここでは先ほど述べたオープンフィールドテストについて、コンソミック系統の特徴を紹介しましょう。

図4はコンソミック系統と親系統であるB6およびMSMのオープンフィールド移動活動量の結果を示しています。この結果から、少なくとも8本の染色体がこの行動に関与していることがわかってきました。染色体の1番、6番、16番、17番には移動活動量を下げる遺伝子が、逆に3番、9番、13番、14番染色体には移動活動量を上げる遺伝子が存在することが明らかとなりました。

親系統であるMSMは、B6とくらべてかなり低い移動活動量を示すのですが、興味深いことに、そのMSMの染色体を1本入れかえることで、逆にB6よりも高い移動活動量を示すようなコンソミック系統が複数存在したのです。このことは、ある行動に対して複数の染色体が

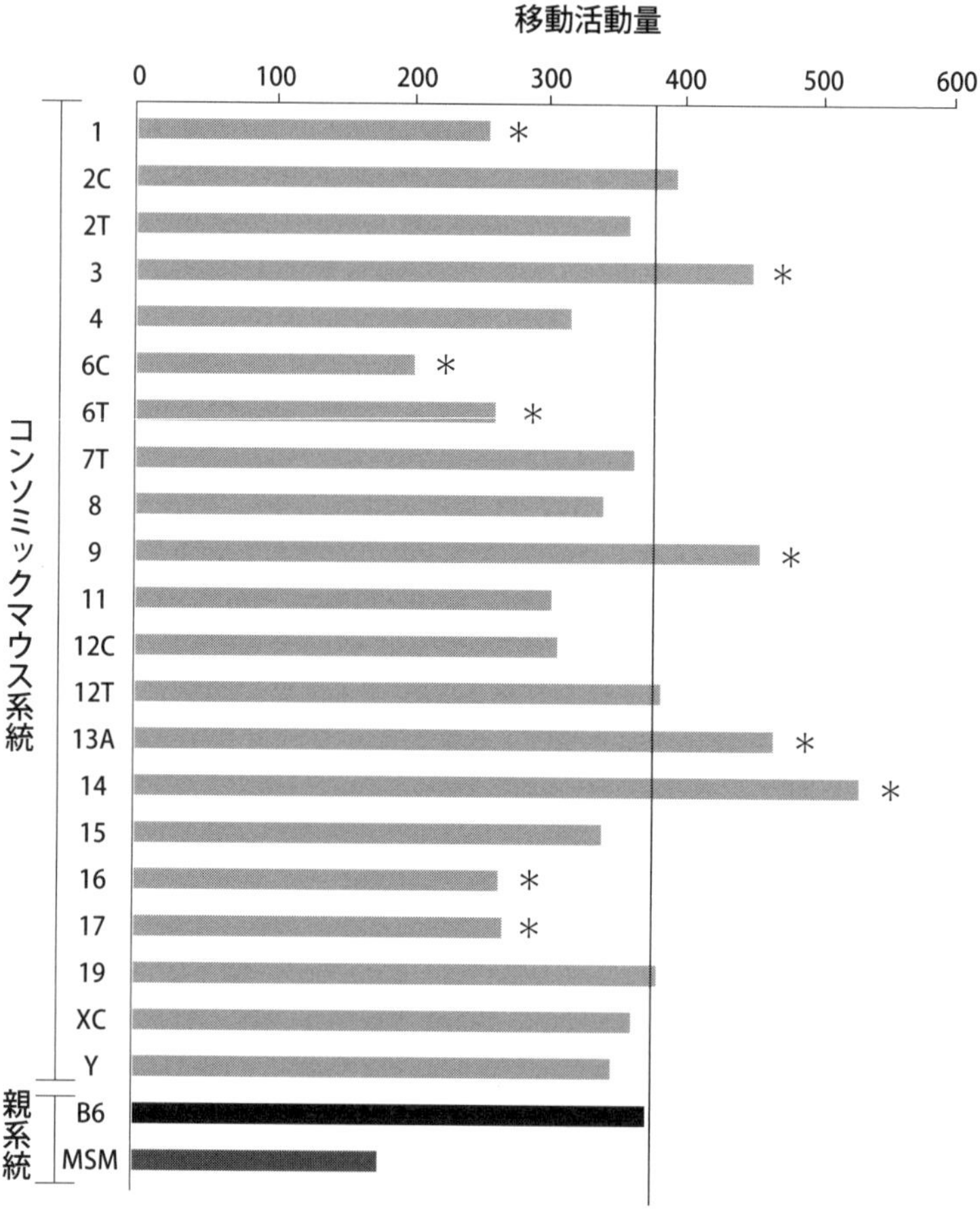

図 4. 野生由来マウス系統におけるオープンフィールド移動活動量の比較　縦軸の数字は MSM と置き換えた染色体の番号を表わします。2C、2T など染色体番号の後ろについている文字は、コンソミック系統樹立の際、染色体の動原体側 (C) と遠位側 (T) に分けて導入されたコンソミック系統を表わします。ここではオスのデータのみを示しており、＊印は B6（たて線）と比較して有意な差のある系統を示します（p<.05)。（データ：高橋阿貴博士提供）

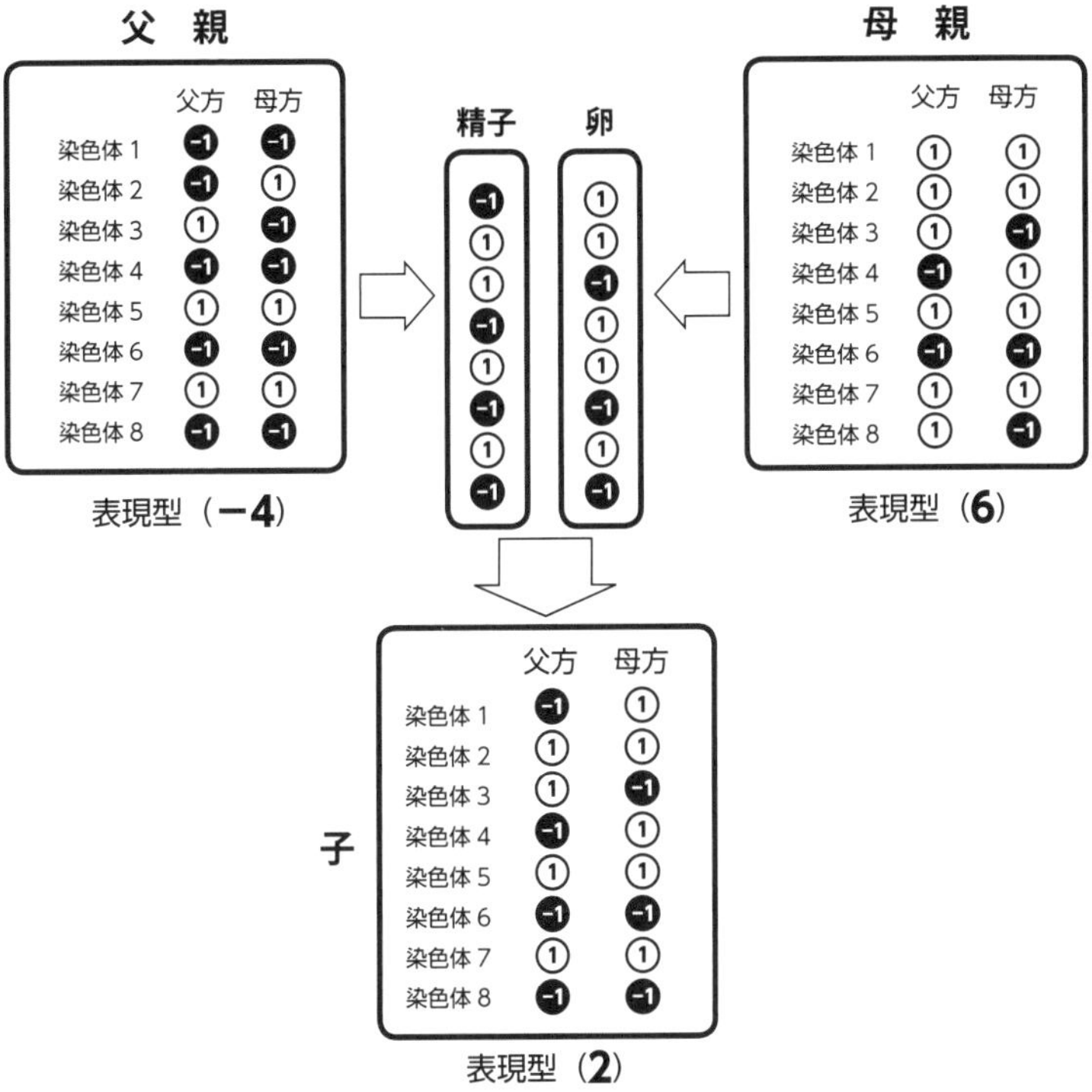

図 5. 性格形成に関与する遺伝的基盤

性格形成に関与する複雑な遺伝要因が、親から子へと受け継がれる様子を模式的に示しました。性格にかかわる 8 種類の染色体の効果をわかりやすく単純化するために、それぞれ表現型に関して＋ 1 か－ 1 の効果をもつ染色体があると仮定します。それぞれの人（父親と母親）は、その父方あるいは母方から受け継いだ染色体をもっていますが、遺伝的に多様なため、その組合せはざまざまです。減数分裂による配偶子形成とその後の受精の過程を経ることにより、子は、父親のもつ 8 対の染色体のそれぞれからどちらか一方の染色体をランダムに受け継ぎ、母親からも同様にランダムにどちらか一方を受け継ぎます。その組合せは非常に多数の組合せが考えられます。このようにして生じた全く新たな染色体の組合せが、子供の性格形成に関与する遺伝的基盤となります。

複雑な効果をもって関与していることを示しています。

性格は親から子へと受け継がれるか？

このように、性格・行動にかかわる遺伝要因は複雑な効果をもつと同時に、ゲノム上には通常多く存在しています。それらが次世代に受け継がれる様子を**図5**では模式的に示しています。

先の例にあるように、ある性格に関係する染色体が仮に8種類あったとしましょう。それぞれの染色体は、父親のもっている2本の染色体のうちの1本と、同じく母親の持つ2本の染色体のうちの1本をそれぞれランダムに受け継ぐ結果、すべて子の世代ではまったく新たな染色体の組み合わせとなるのです。これでは、親の性格そのものが簡単に子どもへと遺伝することは期待できません。子どもの性格形成に関与する遺伝的基盤は、受精卵として生を受けた際に生じた、まったく新たな両親由来の染色体の組み合わせによりでき上がっているといえるでしょう。

このように、表に現われる親の性格や行動は、単純に子どもへと遺伝しないことがわかってきました。しかし、性格の形成には環境要因と同様に遺伝要因も重要な役割を果たしていることは、冒頭の例からも明らかです。この複雑な遺伝的基盤の実態はどのような遺伝子からつくられているのか、今後まだまだ研究が必要なのです。

第Ⅳ部
細胞と染色体の謎

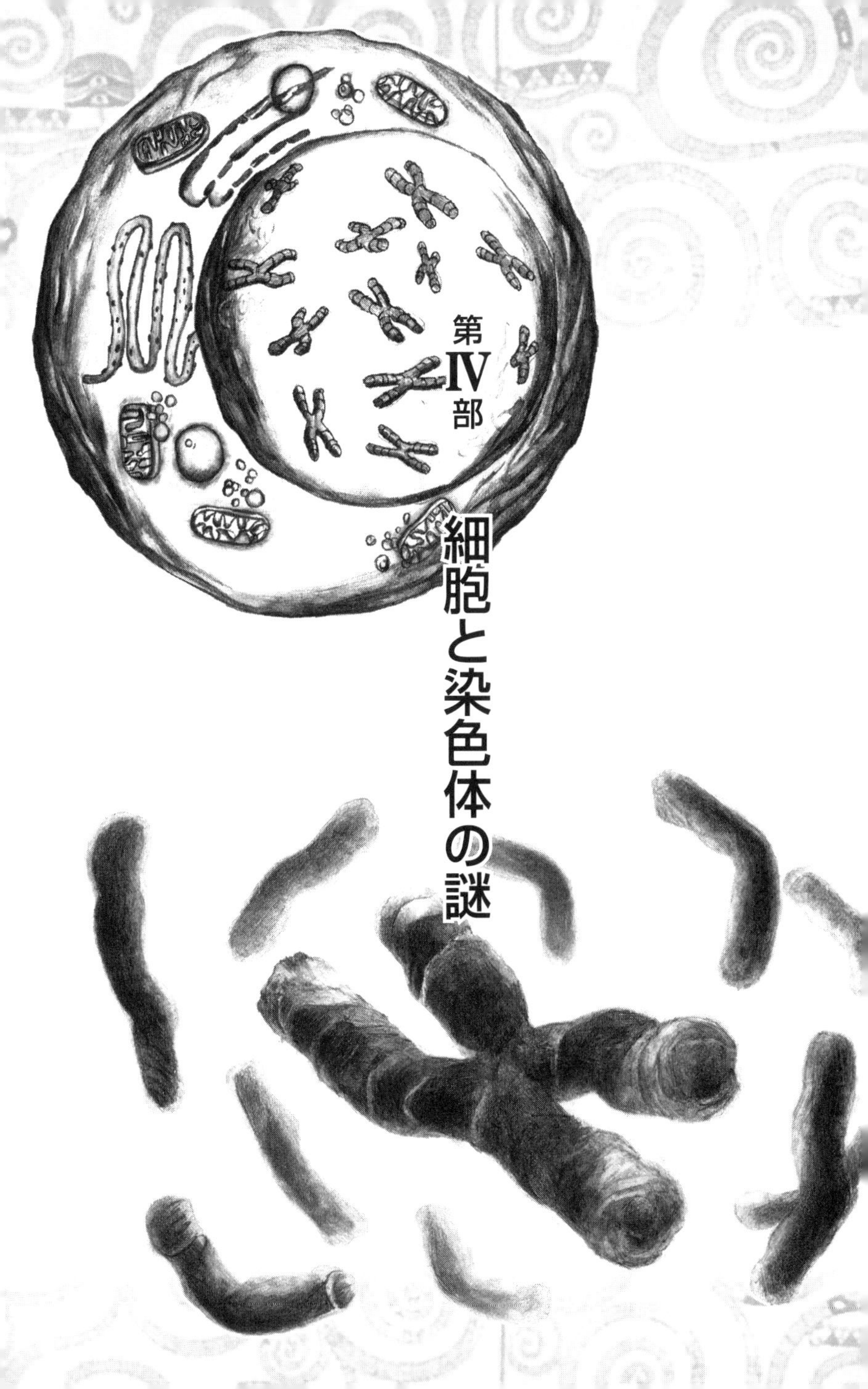

第12章

寿命の謎

ゾウはなぜネズミより長生きか？

筆者：小林武彦

「個体は老いるのに、なぜ子孫は若返るのか？
地球誕生以来、38 億年の生命の連続性を支える
〈ゲノムを再生する能力〉を研究している。」

ヒトにはなぜ寿命があるのだろうか？

ヒトに限らず、地球上の多くの生物は老化して、やがて死んでしまいます。たとえば、寿命の短いものでは、お酒やパンづくりに欠かせない酵母。これは２日間の命です。長いものではゾウや大型のカメやクジラ。彼らは１００年ちかく生きるものもいるらしいです。「らしい」というのは、寿命が長いので、いまだ正確な計測は困難なのです。また、樹木はご存知のように数千年間も生きる種類もあります。

さらに、まったく死なない生物もいます。地球上でもっとも数が多い単細胞原核生物、いわゆる細菌は、栄養がつづく限り永遠に分裂し増えつづけます。そのため、通常の寿命の概念は当てはまらず、死ぬときは集団で餓死、あるいはほかの生

物に食べられて、死んでしまいます。細菌のような生物もいるのに、ヒトはなぜ老化して死ななければならないのでしょうか？

寿命のない世界を想像してみましょう。たとえば、20歳くらいから、そのままの状態をずっと維持できたとしたらどうでしょうか。心情的にいいことであるのは疑いありません。体の衰えもなければ親と死別する悲しみもなく、もちろん自身の死の恐怖からも解放されるわけです。ご先祖様にも子孫にも会えて、にぎやかで楽しそうです。

ただし、全体的な視野でみると不都合な点もあります。たとえば、地球という限られた空間では、人口が増えすぎて食糧不足になることは容易に想像できます。仮に科学の力で食糧問題を解決できたとしても、今度は住む場所が足りなくなってしまいます。

こういう実験結果があります。細菌を試験管内で培養すると栄養がある限り増えつづけますが、枯渇するとほぼ全滅してしまいます。ふたたび栄養を追加すると生き残ったわずかな菌が増えますが、また栄養がなくなれば激減します。これをくり返すと、試験管内に徐々に老廃物がたまって、そのうち菌はまったく増えなくなります。

ヒトの場合でも、もし寿命がなければ、このような「繁殖―ほぼ全滅―繁殖」のサイクルをくり返しながら収束に向かっていくことになるのかもしれません。知的生物であるヒトの場合、壊滅的人口の減少は文明の継承を困難にし、くわえて飢餓対策、あるいは人口調整等が必要になり、想像するにかなりの精神的苦痛を余儀なくされそうです。やはり社会全体を考えると、寿命はあった方がよさそうです。

寿命が延びるとがんが増える?!

では、生物学的には寿命があること、すなわち、老化して死がおとずれることに一体どのような意味があるのでしょうか。逆説的に聞こえるかもしれませんが、実はこの寿命を規定する老化現象には、個体を維持する上で非常に重要な役割があります。

その話に入る前に、DNAについて少し復習させてください。ご存知のように、生物は細胞からできており、ヒト一人は約60兆個の細胞からなります。ひとつの受精卵が60兆個の細胞になる間、遺伝物質であるDNAは分裂の度に複製され、細胞のひとつひとつに同一のDNAが分配されます。そのDNAのもつ遺伝情報（ゲノム）の発現により個々の細胞の機能が決定されます。

細胞ひとつあたりのDNAは、引き延ばすと約2メートルにもなる長い糸状の分子です。物理的なダメージ（こんがらがったり、切れたり）に加え、複製時の間違いや紫外線、化学物質等により頻繁に傷ついています。このような傷のほとんどは修復作用をもつ酵素により直されますが、一部は残存し徐々に蓄積していきます。もしこの状態のまま放っておかれると、やがて増殖に必要な遺伝子も壊れ、細胞は機能不全に陥り死んでしまいます。これはいってみれば、傷の蓄積による「細胞の病死」みたいなものです。

遺伝子が壊れ機能が低下した細胞は、そのまま素直に死んでくれれば、やがて幹細胞からつくられる新しい細胞と入れかわり何の問題もないのですが、壊れる遺伝子によっては非常にまずいことがおこる可能性があります。たとえば、遺伝子の中にはがん化を抑えるがん抑制遺伝子がいくつか存在します。このような遺伝子が先に壊れると、細胞はがん化してしまいます。また細胞の増殖にかかわる遺伝子の発現がおかしくなっても、これが異常分裂を引きおこし、がん化につながっていきます。

ご存知のように、ヒトなどの多細胞生物では、このがんが一番厄介で、ひとつの細胞の異常にとどまらず、それが無秩序に増殖、そして転移し、個体そのものを死にいたらしめます。先ほど述べたように、ヒト一人に60兆個もの細胞があり、80年以上も分裂をくり返すわけですから、確率的にはこのような異常細胞がいつあらわれても不思議ではありません。そこで、このリスクを軽減するために編み出されたのが、細胞の老化システムなわけです。このシステムは、ゲノムが壊れる前兆をみせ始めると、徐々に細胞の機能を低下させ、安楽死の方向に導きます。つまり、寿命を規定する細胞老化の重要な意味のひとつは、異常な細胞の排除、つまりがん化を防ぐことなのです。

寿命を決める老化遺伝子

ここまでの話で、不老不死になってもあまりいいことはなさそうだということ、また寿命をつくり出す老化による死は、がん化を防ぐ重要なシステムであることがわかりました。しかし、まだまだ寿命の謎はつきません。たとえば、ハツカネズミの寿命は3年であるのに対し、ゾウはなぜ70年も生きることができるのでしょうか？　いったい何がこの違いをつくり出しているのでしょうか？　永遠に生きつづけるのは不都合なことが多いとしても、寿命が多少なりとも延びて、その間健康でいられればば大変ありがたいことであるのはいうまでもありません。

生物種によって寿命が異なるということは、寿命が遺伝的要因によって決められていることを意味しています。つまり、寿命を決める「老化遺伝子」が存在するわけです。そのような老化遺伝子がみつかれば、その機能の解析から、もしかしたらヒトの寿命をもっと延ばすことが可能になるかもしれません。

老化遺伝子の一例を紹介します。ヒト早期老化症という遺伝病があります。この患者さんは思春期を過ぎたあたりから急速に老化が進行し、50才くらいで亡くなってしまいます。10数年ほど前にこの病気の原因遺伝子が解明され、それは進化の過程で細菌からヒトまで保存されてきたＤＮＡの修復にかかわる遺伝子でした。

前半で述べたように、ＤＮＡが壊れ始めると、細胞がそれを察知し細胞を安楽死させるため

図1． ハツカネズミの寿命が３年に対し、ゾウは70年近く生きます。このような生物種ごとの寿命の違いは、老化遺伝子によって決められています。

の老化を誘導すると考えられています。早期老化症の細胞の場合、ＤＮＡが壊れ始めるのが早いため、通常より早くこの老化スイッチがオンになり、細胞が短寿命になると考えられます。特に新しい細胞を生み出す幹細胞にこのような早期老化がおこり機能の低下が早まると、細胞のターンオーバー、つまり古く老化した細胞と新しく元気な細胞の入れかえがうまくいかず、個体全体の老化をひきおこすと考えられます。

つまり、寿命を延ばす方法としては、老化遺伝子のひとつ、ＤＮＡ修復酵素の活性を上げればいいということになります。そうすれば細胞の分裂可能回数が増えて、個体もその分長持ちするはずです。と口でいうのは簡単ですが、修復は多くの酵素が関与する複雑な反応で、壊すのと違って活性を高めるためには、ひとつの遺伝子をどうこうすればいいという単純なものではありません。ですので、この方向での努力は結構大変そうです。実は、寿命を延ばすのにはもう少し簡単で有望な方法があります。

寿命の鍵を握るリボソームＲＮＡ遺伝子

一概にゲノムの安定性といっても、修復が常に必要な不安定な領域と結構丈夫な領域とがあります。不安定な領域は脆弱部位《ぜいじゃくぶい》とよばれ、ＤＮＡが異常な構造をとりやすく、複製がうまくいかない領域です。ここでは複製障害によるＤＮＡの切断がおこりやすくなっています。切れたＤＮＡは通常はその場所で修復され元に戻りますが、時にはほかの脆弱領域とつなぎ換わってしまうこともあります。これが細胞にとって致命傷となることがあり、確かにがん化した細胞ではつなぎ換えの結果生じた異常な染色体がよくみられます。

脆弱部位のひとつに、リボソームＲＮＡ反復遺伝子群とよばれる領域があります。この領域は、同じ遺伝子が１００個以上連なった巨大反復遺伝子群であり、最大級の脆弱部位でもあります。ここでは同じ配列（コピー）間でＤＮＡがこんがらがったり、切れてつなぎ換わったりが頻繁におこります。もちろん細胞はこの危険な状態を、指をくわえて眺めているだけではなく、リボソームＲＮＡ反復遺伝子群を専門に安定化させるいくつかのタンパク質を用意しています。

　たとえば、酵母でみつかったＳｉｒ２（サーツー）と名付けられたタンパク質がそのひとつで、これを欠損させるとリボソームＲＮＡ反復遺伝子群のみが激しく不安定化します。興味深いことに、このＳｉｒ２を欠損した株では、生育はまったく健康なのに、細胞の寿命だけがおよそ半分に短縮してしまいます。またさらに面白いことに、逆にＳＩＲ２遺伝子の数を増やしてタンパク質量を通常より多くしてやると、リボソームＲＮＡ反復遺伝子群の安定性は向上し、寿命も延長します。つまりは、リボソームＲＮＡ反復遺伝子群の安定性が寿命の長さを左右しているのです。

　以上のことから、細胞は淡々と分裂回数を数えたり、ゲノム全体の不安定性をチェックしているわけではなく、ゲノムの危なそうな所（この場合はリボソームＲＮＡ反復遺伝子群）をモニターし、老化スイッチをオンにして細胞を安楽死に導くかどうかを判断しているようです。

　つまり脆弱部位の安定性を上げてやれば寿命を延ばすことができ、これはおそらくそんなに難しいことではなさそうです。米国のベンチャー企業がＳｉｒ２の活性を上昇させる化学物質を探索し、赤ワインに含まれるポリフェノールの一種レスベラトロールにその作用があることを発見しました。それで実際にレスベラトロールを酵母に与えると、寿命が延びることが確かめられています。

　ほかの生物でも、Ｓｉｒ２に相当するタンパク質がみつかってきており、近い将来、酵母同様に寿命を延ばす効果のある物質が発見される可能性はきわめて高いです。ただ実際に効果が証明されるのは、ヒトの寿命は酵母にくらべてずっと長いので、ずいぶん先になりますが。

まだ問題はあります。前半で述べたように、老化は異常な細胞が生じる前に細胞を安楽死に導くシステムです。そのため老化のスイッチを入れるのを遅らせれば遅らせるほど、その分逆にがんが増えることになります。実際に酵母の寿命を延ばしてやると、異常な細胞の発生率は上昇します。つまり、がんも同時に解決しないと、結果的にがんになるために長く生きているようなものですね。確かに元々長生きの動物では制ガン作用が強く、ゾウはネズミにくらべて圧倒的にがんになりにくいことが知られています。

DNAの修復と寿命

ゾウはなぜネズミより長生きか、という謎は残念ながらまだ解けていません。また、もっと長生きである樹木は、なぜ数千年も生きられるのかも不明です。ただ植物は動物と違い、光合成をする必要性から常にDNAを傷つける紫外線にさらされながら生活しており、そのためDNAの修復機構が非常に発達していることは確かです。私はDNAの修復機構の解明が、寿命研究の鍵を握ると考えています。近い将来、修復機構の全貌《ぜんぼう》が解明されゲノムをより安定に維持する方法がみつかれば、がん化を抑えつつ、不老不死は無理にせよ、健康にもう少しだけ長く生きられるような方法が見つかるものと考えています。その研究を成し遂げるためには、私自身も長生きせねば！

第13章

染色体分配の謎

それに失敗すると生物は病気になるのか進化するのか?

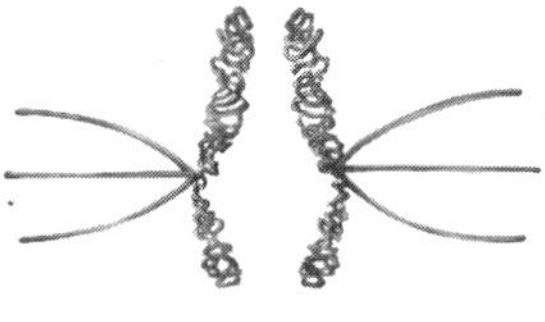

筆者：深川竜郎

「生命の設計図を含む染色体が、どのように次世代の細胞へ伝達されていくのかというメカニズムの解明に興味をもって研究を進めている。」

細胞はどのように増えるのか?

どんな生物も細胞からできています。大腸菌はひとつの細胞からできていますし、ヒトは60兆個の細胞からできています。ひとつの細胞に栄養と酸素をあたえてやれば、呼吸をすることによってエネルギーを獲得し、どんどん増えていきます。生物を構成する細胞は生物の基本単位で、ひとつの細胞のなかにその生物のすべての遺伝情報がふくまれています。細胞が生存をつづけるためには、細胞のコピーをつくって、細胞を増やしつづけなければなりません。これを「細胞増殖」とよびます。

受精卵というたったひとつの細胞から細胞増殖をつづけ、最終的に60兆個の細胞からなるヒトの個体ができます。ヒトの受精卵に含まれる遺伝情報と成人のヒトから採取した細胞の遺伝情報は、基本的にはまったく同一です。細胞は分裂をして細胞増殖をおこないます。つまりひとつの細胞がふたつの細胞へ分裂し、ふたつが四つに分裂して倍々に細胞は増えていきます。この細胞分裂の際にもっとも大切なことは、ひとつの細胞のもつすべての遺伝情報をコピーして、分裂したそれぞれの細胞へ伝えていくことです。細胞ひとつが生物の基本単位ですので、まったく同一な遺伝情報をもつ細胞が増えなければいけません。

遺伝情報の本体は、2本鎖からなるDNAです。DNAのコピーをつくるためには、2本の鎖をほどき、それぞれの1本の鎖を鋳型《いがた》にして新しい鎖をつくります。これを「DNA複製」とよびます。このDNA複製をへて、細胞分裂の前にはひとつの細胞のなかに倍加したDNAをもちます。その情報を分裂した細胞へ伝達するのですが、効率よく遺伝情報を伝達するために、生物は工夫をしています。

生物種によって異なりますが、全DNAを数本から数十本に分割して、染色体とよばれる構造体にパックします。ヒトの細胞ですと、細胞分裂期に46本の染色体がつくられます。分裂するそれぞれの細胞の極から「紡錘糸《ぼうすいし》」とよばれる分裂装置が染色体を引っ張り、物理的に分裂した細胞（娘細胞）へ分配します。染色体の分配は、細胞分裂におけるもっとも重要なイベントです（**図1**）。

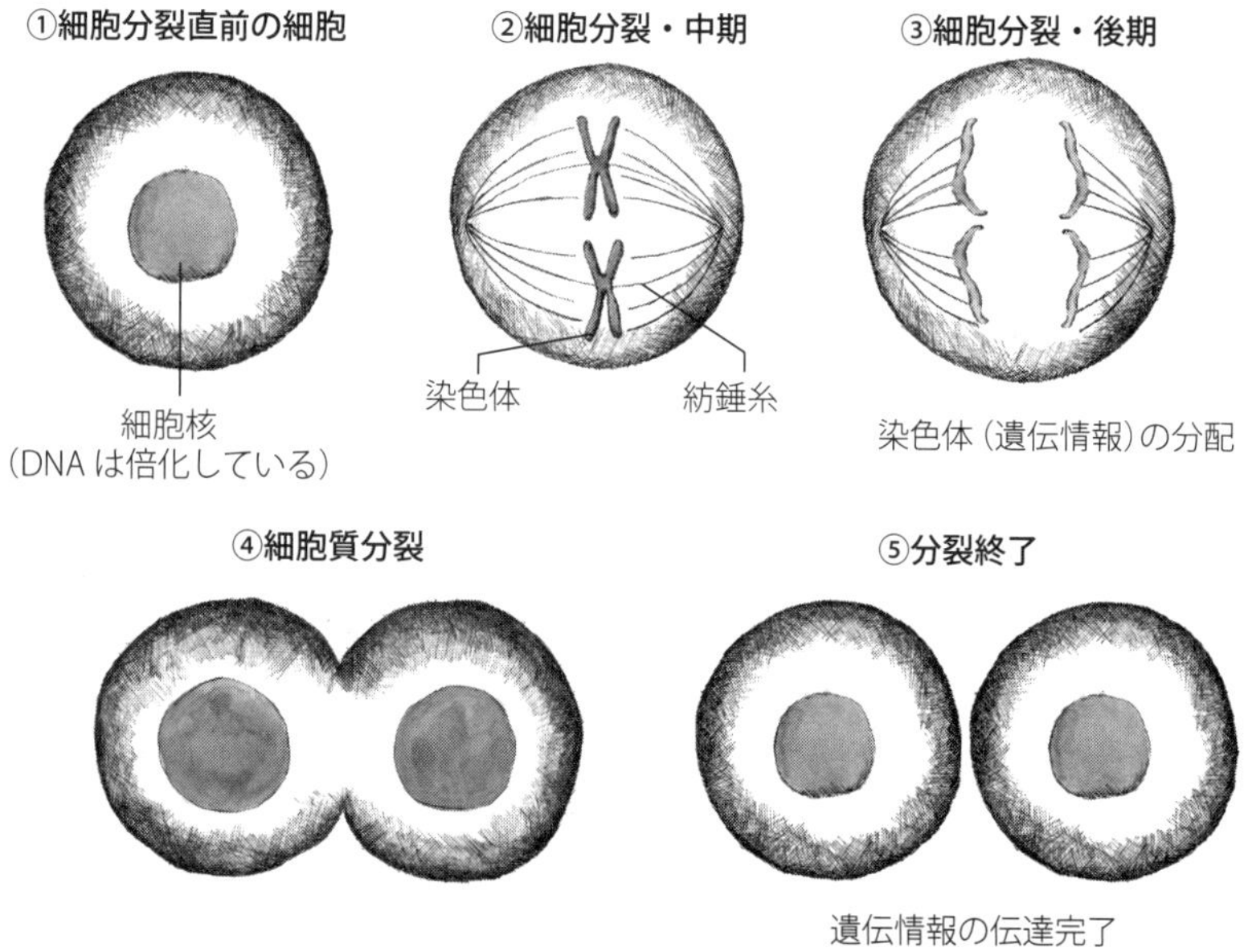

図1．細胞分裂における染色体分配の模式図

染色体の伝達を間違えると病気になる？

細胞が増殖をつづける限り、細胞分裂するたびに染色体分配が必ずおこなわれますが、まれに細胞は、染色体の分配に失敗することがあります。倍加した染色体は、通常は均等に分裂した各娘細胞へ分配されますが、均等に染色体が分配できないことがあります。

たとえば、染色体と一部の紡錘糸の結合が不十分であると、分配過程で倍加した染色体がうまく離れることができなくなってしまいます（**図2**）。その結果、ある染色体だけが新しい娘細胞へ分配されないといったことや、ある染色体が余分に分配されてしまうよ

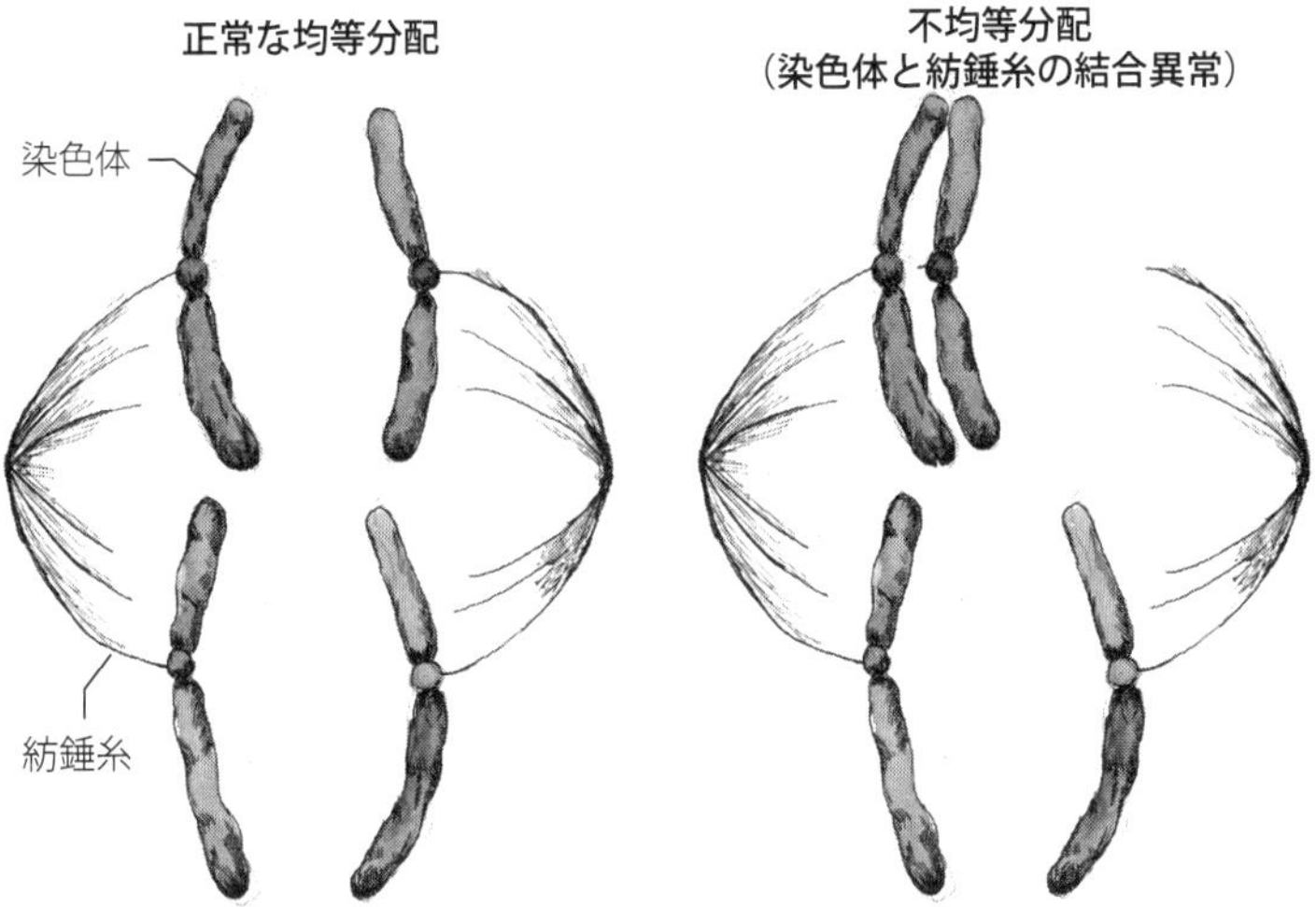

図2．間違った染色体分配（不均等分配）の模式図
不均等分配によって、遺伝情報が間違って伝達されます。

うなことがおこります。このことによって、細胞の遺伝情報が変化してしまい、最終的には細胞にとって重大な悪影響が生じます。

ある染色体を失った細胞では、生育に必須な遺伝子を失ってしまうなども考えられ、細胞が死んでしまうこともあります。逆に、ヒトでは染色体の数が増えてしまうことで、病気などを引きおこすことも知られています。

たとえば、ダウン症の患者さんの細胞に共通しているのは、21番染色体を正常人より1本多くもっています。ダウン症が発症する真の原因はまだ解明されていませんが、染色体分配の不全がこの病気の根幹にあることは間違いありません。

また、がん患者から採取したがん細胞の染色体の数を調べると、本来46本である染色体数が、場合によっては、80本近くになっている細胞もみつかります。このように、間違った遺伝情報の蓄積は、細胞にとって大きなダメージをおよぼします。

染色体の分配の失敗が細胞にダメージをあたえることは理解できますが、いったいどのような時に、どのように細胞が染色体の分配に失敗するのかという基本的な問題については、わからないことがいっぱいあります。また、どのような間違った遺伝情報の蓄積が、どのような病気と直接つながっているのかについても、不明なことはいっぱいあります。生物の増殖にとって必要不可欠である染色体分配の基本メカニズムを解明できれば、がんをはじめとするさまざまな病気の治療に多いに役立つと考えられます。

染色体分配の間違いは、どのように監視されているのか？

現実的には、生物が生存するかぎり、細胞分裂は何度もくり返されます。ひんぱんに染色体の分配に失敗していては、生物は病気だらけになってしまいます。それに対応するために、生物には巧妙な仕組みが備わっていて、染色体分配の失敗を監視するシステムをもっています。

染色体の分配は、紡錘糸という分裂装置が染色体を引っ張ることによっておこなわれますが、紡錘糸にうまく結合できなかったり、染色体をうまく引けなかったときに、染色体分配に失敗します。そこで、細胞みずからが紡錘糸と染色体の動きを監視していて、不具合がある場合に

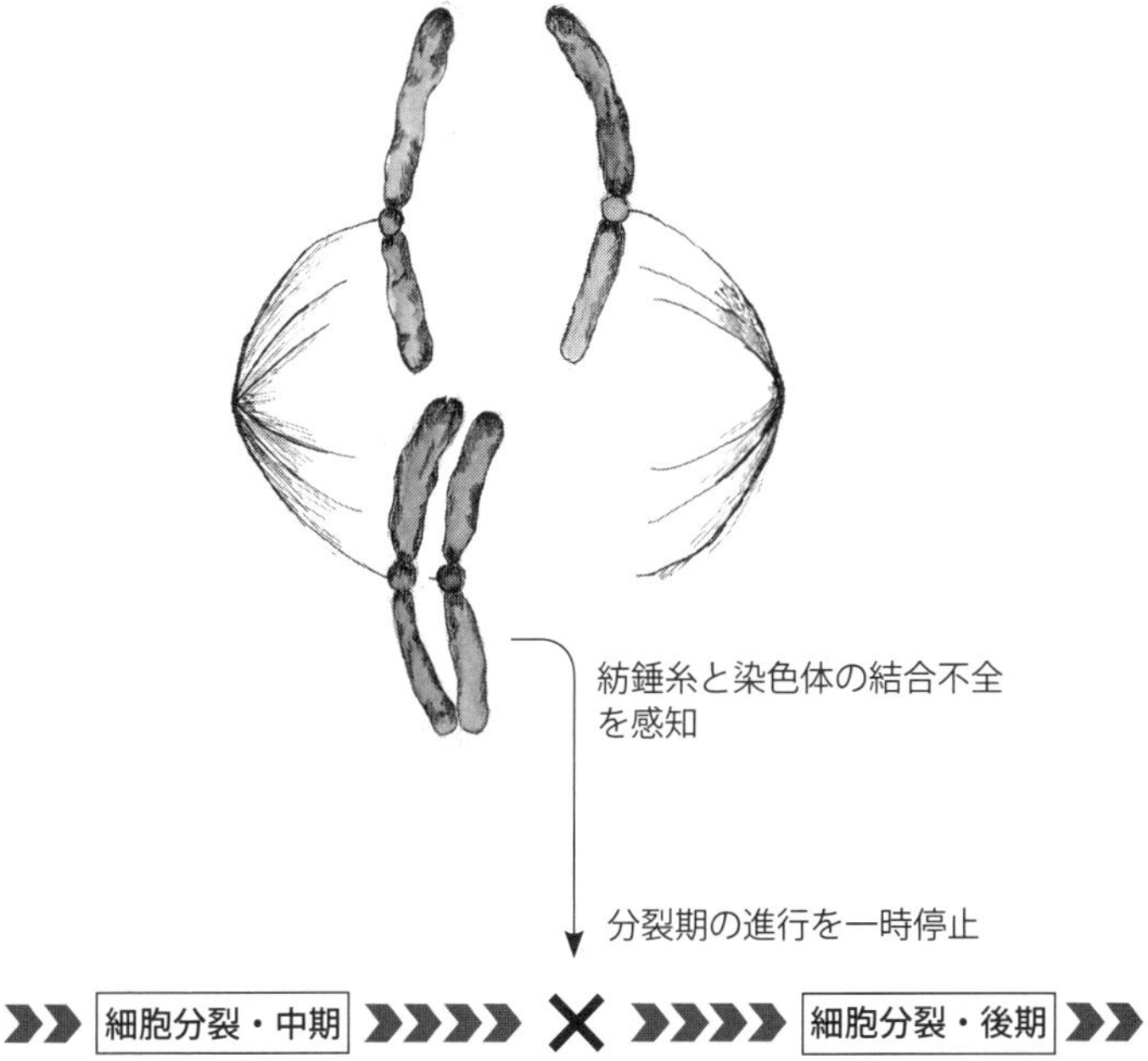

図3．間違った染色体分配を監視するシステム　紡錘糸と染色体の結合不全があった場合には、細胞分裂を一時的に停止させます。

は、細胞分裂の進行をいったん停止させます（**図3**）。その間に、不具合を修正して、修正後にふたたび細胞分裂が進行します。

この監視システムは、「チェックポイント機構」とよばれ、細胞分裂の正しい進行には必須のメカニズムです。この分子機構はかなり明らかになってきていて、これにかかわる多くのタンパク質の役割も解明されてきています。

チェックポイントにかかわるタンパク質の働きがおかしくなると、やはり細胞はひんぱんに染色体の分配に失敗して、がんをはじめとする多くの病気にかかりやすくなります。実際に、チェックポイント機構にかかわるＢｕｂ１というタンパク質の遺伝子の変異が、がん患者から発見されています。しかしながら、チェックポイント機構にかかわるタンパク質が、染色体のどのような不具合を認識しているのかなど未解決な問題はまだまだあります。

染色体分配の失敗が生物進化の原動力となる?

これまでは、細胞分裂期に染色体の分配が失敗して染色体の数が変わってしまい、それが細胞にとって悪影響をおよぼし、病気がおこることを紹介しました。ところが、この染色体数の変化は細胞にとっての悪影響ばかりでなく、生物進化と関連している可能性も指摘されています。

いろいろな生物の染色体の数を調べると、生物間で染色体の数はまったく違います。近縁の生物でも、染色体の数が大きく異なっている例も知られています。では、進化の過程でおこるこの染色体数の変化というのは、どのような機構が関与しているのでしょうか?

染色体が分配される時には、紡錘糸は染色体の特殊領域に結合して分裂細胞まで染色体を引っ張りますが、その特殊領域が染色体数の数を決めるうえで重要なポイントとなります。この特殊領域は、「セントロメア」とよばれています。通常、１本の染色体には、セントロメア

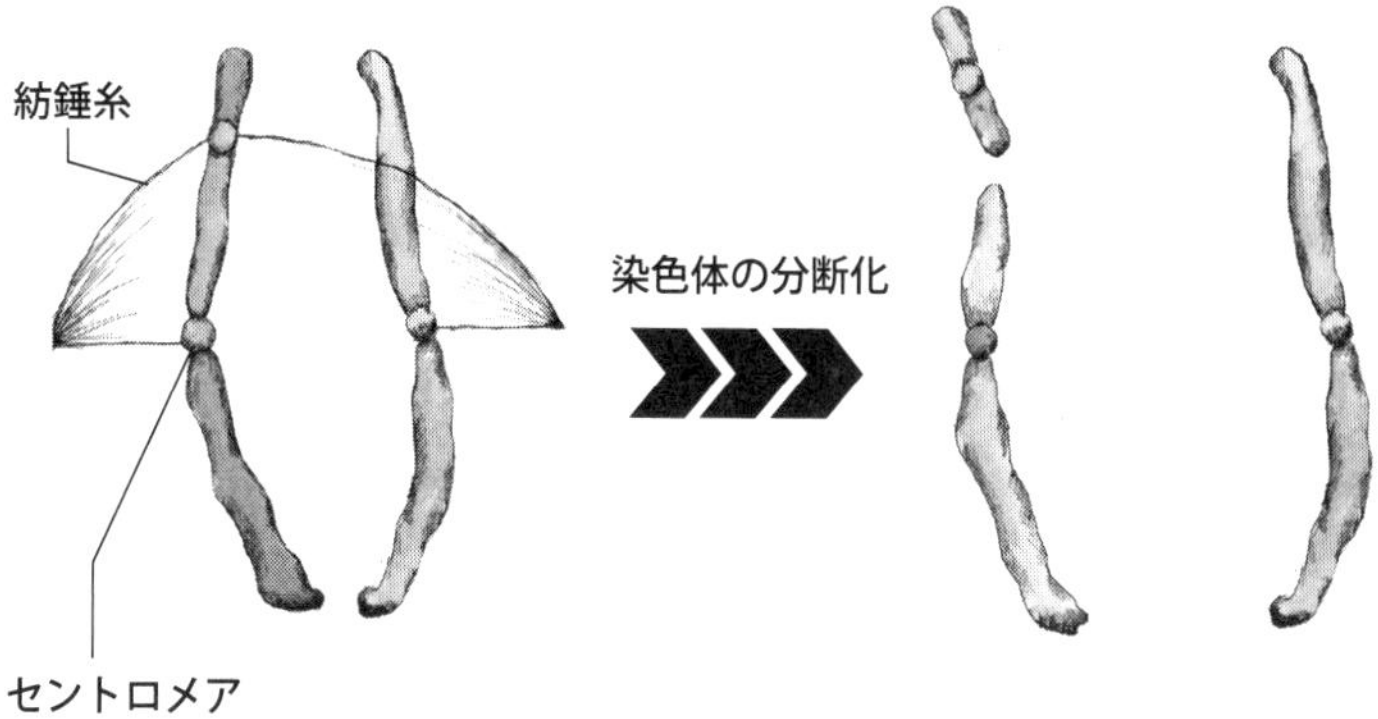

図4．ふたつのセントロメアをもつ染色体がちぎれてしまうメカニズム　ふたつのセントロメアに紡錘糸が同時に結合すると、染色体を引っ張るバランスがくずれて染色体がちぎれます。

はひとつしかありません。もし、ふたつのセントロメアが染色体上に存在していると、紡錘糸がふたつのセントロメアに結合して染色体を引っ張るバランスがくずれてしまい、染色体がちぎれてしまいます（**図4**）。このようなことによって、遺伝情報の間違った伝達がおこり、細胞に悪影響が生じやすくなります。

たしかに、染色体の分断化は、これまでに説明したような染色体の分配の失敗の一例であり、染色体が分断化された細胞は病気を引きおこす原因ともなります。ところが、まれに染色体の分配には、失敗してちぎれた染色体があっても、基本的な遺伝情報そのものは変わらない場合もあります。このような細胞が正常に生存しつづけ進化していくと、染色体数の異なる近縁種ができると考えられます。

現実に、チンパンジーとヒトは染色体の数

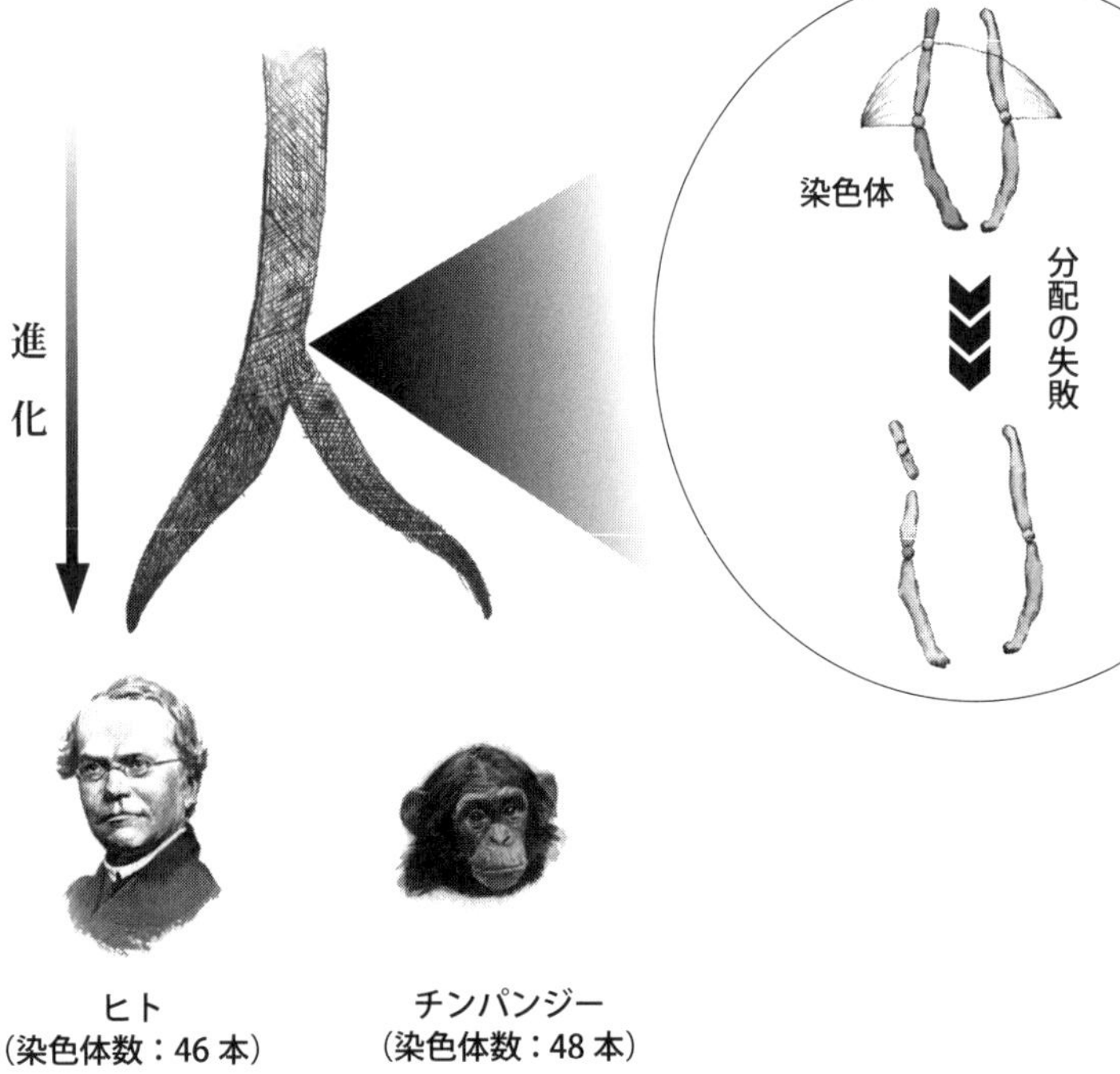

図5． 近縁どうしにもかかわらず、ヒトとチンパンジーの染色体の数は異なります。セントロメアがひとつの染色体にふたつできて分配に失敗してしまったのに、細胞が生存しつづけ、進化したためと考えられます。

が異なります。現在、チンパンジーもヒトも染色体に含まれる全DNA（ゲノムDNA）の配列が解明されていますが、ゲノムDNA配列を比較すると、チンパンジーでは、かつてセントロメアとして働いていた痕跡のDNAが、ヒトではセントロアでない場所に発見されています。ヒトとチンパンジーのゲノムDNA配列は、全体では数パーセントしか違わないくらい大変よく似ているので、ごく最近に進化したものと考えられています。それにもかかわらず染色体数が異なるのは、1本の染色体にセントロメアがふたつできて染色体の分配に失敗してしまったのに、細胞が生存しつづけ、進化したためと考えられます。

どのような染色体分配の失敗が病気を引きおこし、どのような失敗であれば生存できるのかを決めているのか大変不思議ですが、まだ答えはありません。

染色体研究から生物進化を理解する

生物進化は、実験的に再現することはできません。したがって、染色体の数が変わるということが、染色体分配にたまたま失敗した細胞が生き残って進化した結果なのか、種分化の原因となるために、積極的にセントロメアをつくっているのかについては、現在のところよくわかっていません。最近の分子生物学の先端的技術を用いることで、実験室内で人為的にセントロメアをつくったり、壊したりした細胞を作成できるようになってきています。

短い期間の培養では、そのような細胞は生育に不都合であることはわかっていますが、生き残りやすいような（進化しやすいような）染色体構造が、もしかしたら実験的に作成できるかもしれません。セントロメアの生成や破壊が種形成の一要因となっていれば、これは大変な発見です。最新の実験技術を用いれば、近い将来、この問題に答えられるかもしれません。

染色体の分配異常は病気にもかかわっているし、一方では種形成にもかかわっているかもしれない奥深い生命現象です。生命維持の基本である遺伝情報をパックしている染色体は生命そのものであり、医学的に重要であると同時に、生物進化の理解といった基礎科学研究にとっても謎に満ちた興味ある題材といえます。

第14章

DNA収納の謎

長いDNAは細胞の中でどのように折りたたまれているのか？

ヌクレオソームの不規則な折りたたみ

筆者：前島一博

「全長2mにもおよぶヒトゲノムDNAが、細胞の中にどのように収納され、どのように遺伝情報が読み出されるのか？　を明らかにしたい。」

ＤＮＡのはなし

私たちの体は約60兆個の細胞からできています。そのひとつひとつの細胞の中の「核」とよばれる入れものに、人体の設計図であるＤＮＡがおさめられています。ＤＮＡは幅２ナノメートル（ナノメートル＝１００万分の１ミリメートル）の非常に細いひもですが、ヒトの場合、全長は約２メートルにもなります。このＤＮＡは１本の長いひもではなく、46本に分けられており、「染色体」（後述します）という単位をつくります。１番から22番まで長い方から番号が付けられていて、一番長い１番染色体でＤＮＡの長さは８・３センチメートル、一番短い21番や22番でも１・５センチメートルあります。

いくら全長2メートルのヒトのDNAを46本に分けたとしても、その平均の長さはまだ約4・3センチメートルもあります。細胞の核の大きさは直径10マイクロメートル（マイクロメートル＝1000分の1ミリメートル）ほどですから、まだDNAは核の直径より平均で4300倍も大きいことになります。このため、核におさめようとすれば、DNAをとても小さく折りたたまなくてはなりません。ただぐちゃぐちゃ無理矢理押し込むだけならさほど難しくはないかもしれません。しかしながら、これから述べますように、そんな簡単な話ではないのです。

先ほども述べましたように、私たちの体は約60兆個の細胞からできていますが、もともとはたったひとつの細胞（受精卵）です。母親からの卵子、父親からの精子が受精して受精卵ができます。そのたったひとつの細胞は、細胞分裂をしてふたつに分かれるという過程を何度も何度も繰り返し、60兆個の細胞になります。ちょっと計算してみると、ひとつの細胞が60兆個になるためには、なんと46回以上分裂する必要があります（2の46乗≒70兆）。

また、私たちの体の中には、血液の細胞や腸の細胞のように絶えず分裂しているものもあります。毎回分裂するごとにDNAは複製され、ふたつのDNAのコピーが正確につくられなくてはなりません。そして、それをふたつの細胞に均等に分配しなくてはなりません（DNAの複製については、第8章を参照下さい）。このような細胞のサイクルを「細胞周期」といいます。

読者の皆さんは、非常に長いDNAが、細胞や核の狭い空間の中にどのように収納されているのか、不思議に思いませんか？　この章のタイトル「DNAは細胞内でどのように収納されているのか？」は、実はまさに私たちが知りたいと思い、解き明かそうとしていることなのです。

DNAの正式名称はデオキシリボ核酸という、酸の一種です。このため、プロトンH^+を放出して、マイナス電荷を帯びています。読者の方も小中学生の頃、酢酸カーミンなどを使ってタマネギの皮の細胞の核を染めたことがあるかもしれません。カーミンは塩基性（プラス帯電している）なので、マイナス電荷のDNAに結合しやすく、とてもよくDNAを染色することができます。

というわけで、DNAのひも自体はいたるところがマイナス電荷ですから、マイナスどうしでは反発がおき、長いDNAのひもは小さく折りたたむことができません。実際、長いDNAのひもを細胞から取り出して水に入れると、ゆらゆらと広がってしまうことが知られています。DNAのひもをなんとか核の小さな空間に押し込めるためには、DNAのマイナス電荷を打ち消す工夫をしなければなりません。この工夫のひとつが、ヒストンというタンパク質です。ヒストンはプラスに強く帯電しているタンパク質であり、DNAはこのヒストンに巻かれています（**図1**）。ヒストンは、H2A、H2B、H3、H4というタンパク質のパーツ4種類

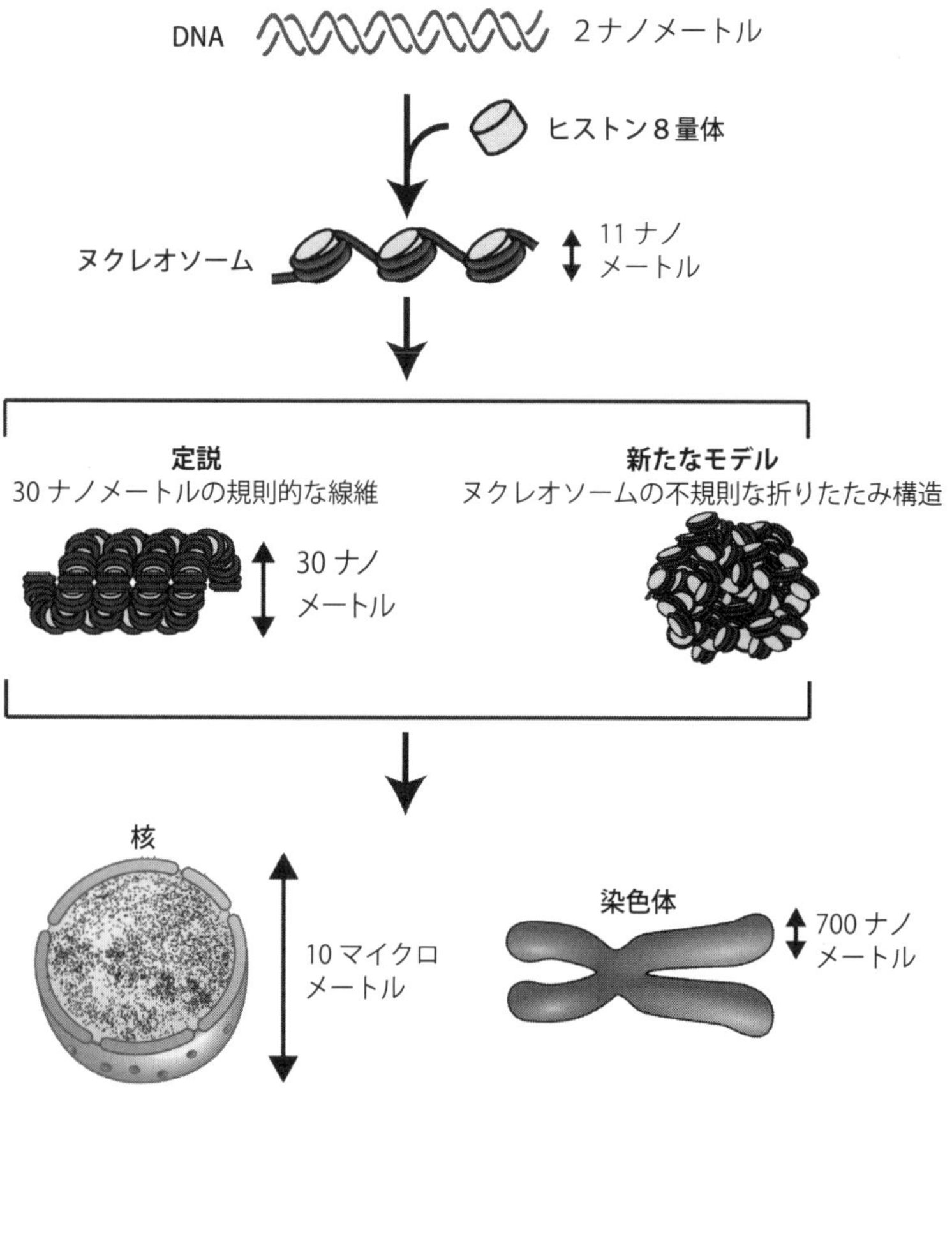
DNA
2ナノメートル
ヒストン8量体
ヌクレオソーム
11ナノメートル
定説
30ナノメートルの規則的な線維
30ナノメートル
新たなモデル
ヌクレオソームの不規則な折りたたみ構造
核
10マイクロメートル
染色体
700ナノメートル

図1

がふたセットずつ集まって、8個のタンパク質の複合体（8量体）をつくっています。そして、その周りをDNAが2周します。この、DNAがヒストンという糸巻きに巻かれた構造を「ヌクレオソーム」とよんでいます。

顕微鏡でみると、ヌクレオソームはちょうどビーズのような丸いものがDNAの糸に通されているようにみえます。このため、むかしは"Beads on a string"（ひもに通されたビーズ）とよばれていました。ちなみにヌクレオソームの幅は約11ナノメートルです。

このように、プラスに帯電したヒストンに巻かれることによって、DNAのマイナス電荷はある程度打ち消されますが、まだ半分程度のマイナス電荷が残っているといわれています。細胞内にはマグネシウムやカルシウムなどの2価＋イオンがありますので、これらのイオンがヌクレオソームの残りのマイナス電荷を打ち消していると考えられています。

このヌクレオソームのひもは、少量のマグネシウムイオンとリンカーヒストン（ヌクレオソーム間のDNAであるリンカーDNAに結合するヒストンで、代表的なものはヒストンH1）であるH1をともない、らせん状にさらに折りたたまれて直径約30ナノメートルのクロマチン線維になると、長い間いわれていました（**図1**）。クロマチンとは、DNAにヒストンおよび他のタンパク質が付いている状態の総称です。

そして、古くから提唱されている考えでは、30ナノメートルのクロマチン線維が折りたたまれて100ナノメートルの線維になり、さらに折りたたまれて200～250ナノメート

図2

ルの太い線維になり……と、らせん状の規則正しい階層構造をつくっているのではないか、とされてきました（図2）。段階的に巻いていけば、間違いなく太いものをつくれるだろうというわけです。これは有名な分子生物学の教科書や高等学校の生物の教科書にも掲載されています。しかし、本当に規則正しい階層構造は存在するのでしょうか？

規則的な階層構造は存在しない！

先に述べたように、私たちは驚くほど長いＤＮＡが、細胞の核や染色体の中に、どのようにおさめられているのか、その仕組みを明らかにすることを目指しています。そこで、分裂期のヒト細胞の染色体の構造を、クライオ電子顕微鏡という装置を用いて解析することにしました。

通常の電子顕微鏡観察では、試料の作成に化学固定をはじめとするさまざまなプロセスが必要です。したがって試料が変化し、どのような構造をもっているかということを正確に観察できない恐れがありますが、クライオ電顕では、細胞試料を急速凍結することで、その試料を生きている状態に近いままで観察できます。

この装置を用いて分裂期の細胞を観察した結果、ヌクレオソーム線維の存在を示す直径11ナノメートルの構造は観察できましたが、それより大きい直径30ナノメートルの構造、つまり定説のクロマチン線維モデルにある構造は観察できませんでした。

　私たちは、定説のようなクロマチン線維は存在しないのかもしれないと考え、さらなる解析のためにX線散乱という手法を使いました。クライオ電顕では70ナノメートル程度の薄い切片を使って染色体の一部のみを観察するので、全体像を知ることができませんが、X線散乱では染色体を丸ごと使い、規則的な構造の有無とその大きさを知ることができます。実際にヒト染色体を解析してみると、なんと30ナノメートル程度の構造を示すグラフのピークが観察されました。

　実は30年以上も前に、イギリスのグループもX線散乱を用いて染色体のなかに30ナノメートルの構造を見出していました。このイギリスのグループのデータは、染色体のなかに30ナノメートルのクロマチン線維が存在する証拠だと長い間考えられていました。しかしクライオ電顕の観察結果とは一致しません。この矛盾は何なのかと原因を突きつめていくと、どうやら犯人は染色体表面に付着したリボソーム（タンパク質の合成工場。大きさが20ナノメートル以上もある）ではないかという結論にたどり着きました。

　X線散乱解析の際、染色体のまわりに付着した多数のリボソームが30ナノメートルに相当するピークをうみ出したというわけです。リボソームを取り除いた染色体でX線散乱解析をすると、30ナノメートルのピークはやはり消失していました。この結果により、染色体の中に30ナ

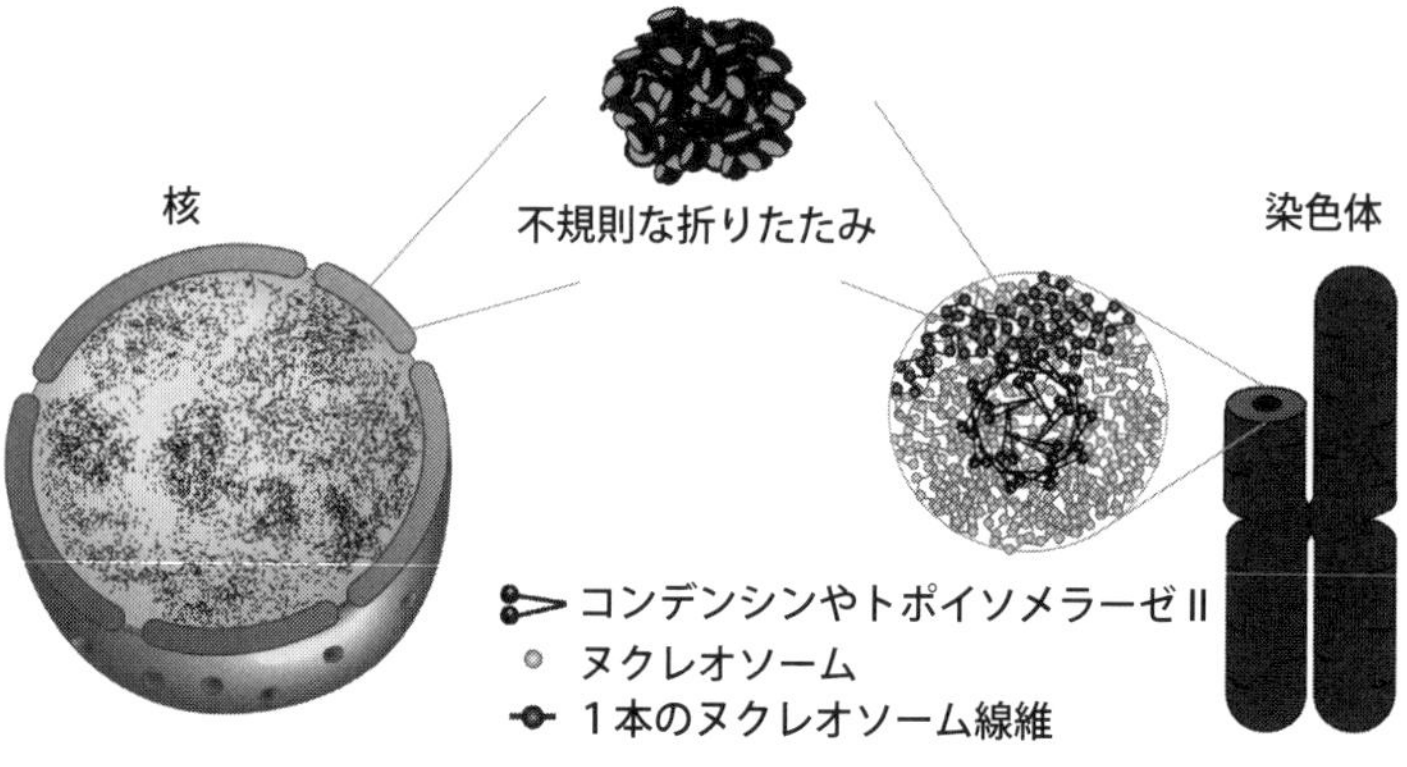

図3

ノメートルのクロマチン線維が存在する強力な根拠がなくなったわけです。

　では次に、30ナノメートルよりも大きな階層構造はあるのでしょうか？　実際、X線散乱を用いて染色体直径に相当する1マイクロメートルまでの範囲について詳細に解析したところ、定説で予想されていたような約100ナノメートル、約200〜250ナノメートルの線維の存在を示す散乱ピークは観察することができませんでした。これら一連の結果は、定説のモデルにあるクロマチン線維も、クロマチン線維がさらに規則正しく束ねられた高次の階層構造も存在していないことを示しています。

　最初、私たちは染色体を用いて実験をおこないましたが、細胞の核を用いて実験をおこなっても同様な結果が得られました。では規則的な構造がないとしたら、ヌクレオソームはどのように折りたたまれているのでしょうか？　私たちは、ヌクレオソームの大半は核内や染色体内で不規則な折りたたみ構造をとっている、いい換えると、いい加減に収納されていると考えています（図3）。

不規則な収納にもかかわらず、染色体はどうしてある決まった形をつくれるのでしょうか？　それは、染色体の中心部に、コンデンシンやトポイソメラーゼⅡとよばれるタンパク質が軸のようなものをつくっているからだと考えています（図3）。つまり、束ねられ方がいいかげんであっても、特定のタンパク質が軸となることで、決まったかたちの染色体を形成できると考えられます。

なぜ「いい加減な収納」をしているのか？

このようないい加減なヌクレオソーム線維の収納は、細胞内でどのような役割を果たすのでしょうか？　ヌクレオソーム線維が規則正しい線維構造や階層構造をつくっていると、いざ遺伝情報を検索し使用する際、多くの部分が隠されてしまっているため、情報を取り出しにくいと考えられます。昔よく使われていたカセットテープは、選曲をするのにテープを早回しする必要がありましたが、それと同じようなことです。

一方、ある程度のいい加減さをもって不規則に収納されていると、物理的な束縛が少ないため、個々のヌクレオソームが動ける余地も増え、遺伝情報の検索にとっては便利なことが多い

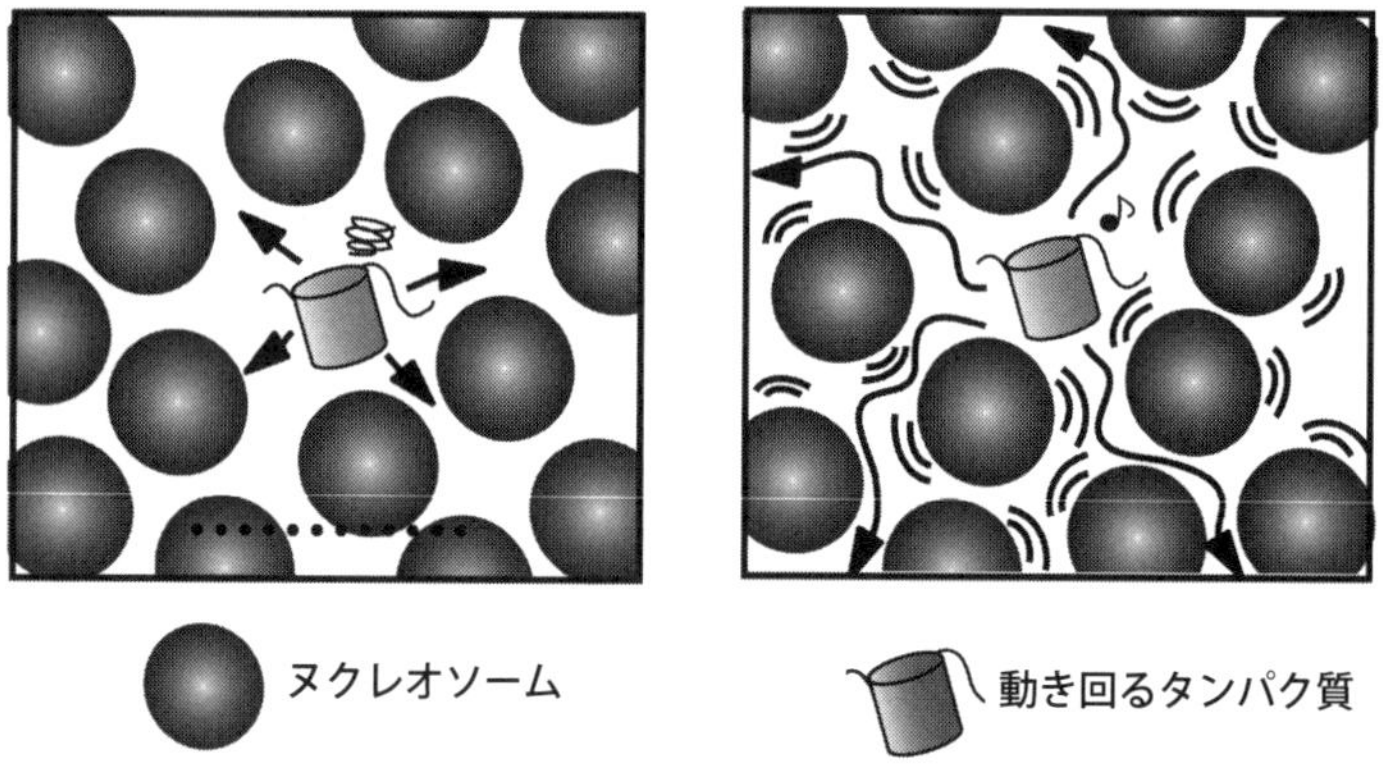

図4

と考えられます。

最近、私たちは生きた細胞の中で、個々のヌクレオソームの動き（ゆらぎ）を観察することに成功しました。また、コンピュータシミュレーションなどを用いて、ヌクレオソームのゆらぎが、その中のタンパク質の動きを促進させていることを突き止めました（**図4**）。私たちは、このヌクレオソームのゆらぎは、エネルギーが不要なブラウン運動によっておきていると考えており、遺伝情報探索のエネルギー的な観点からも不規則な折りたたみ構造の方が合理的であると思われます（**図4**）。

また、このヌクレオソームのゆらぎによって、ゲノムDNAは隠されることなく、どのDNA領域もある頻度で外に露出することができると考えられます。それによって、情報をより取り出しやすくしているのだと考えています。

このような私たちの研究から、細胞内のヌクレオソームのゆらぎは、タンパク質の運動とＤＮＡへのアクセスの両面において重要であることがわかりました。

おわりに

この章では、ＤＮＡの収納のされ方について、私たちが提唱した新しいモデルを述べてきました。私たちは現在もわくわくしながら新しいモデルの証拠を集めるために日夜研究をおこなっています。生物の世界は、ＤＮＡひとつをとってもまだまだ謎がいっぱいです。もし皆さんが少しでも興味を持ってくだされば、こんなに嬉しいことはありません。

第15章

細胞の建築デザインの謎

分子からどのようにして細胞が組み立てられるのか？

バックミンスター・フラー

筆者：木村　暁

「細胞内で空間配置がダイナミックに変化する仕組みを、顕微鏡観察やコンピュータ・シミュレーションを駆使して明らかにする「細胞建築学」に取り組んでいる。」

ゲノムDNAは生命の設計図

「遺伝」というのは、ざっくりといえば「子が親に似る」ということになります。ヒトの子はヒトで、カエルの子はカエルですし、親子では髪の毛の色や顔の形がよく似るのは皆さんも実感していることでしょう。どうやって子が親に似るようになるのでしょうか？

この遺伝の大きな謎に回答を与えたのが「DNA」（デオキシリボ核酸）の発見でした。DNAは4種類の化学物質がたくさん並んだ鎖のような構造をとっています。私たちが「あいうえお……」の50

文字を並べて意味のある文章をつくるように、私たちのからだの中では、この4種類の物質の並び方に応じて、何万種類ものタンパク質がつくり出されています。どのタンパク質をどれだけつくるかも、DNAに書き込まれています。ですから、異なるDNAをもっていれば、からだの中では異なるタンパク質がつくられることになります。

私たちのからだの中にあるDNA全体を、「ゲノムDNA」とよびます。私たちはゲノムDNAを親から受け継ぐことによって、親と同じタンパク質をからだの中で生産するため、結果的に親に似るのです。このため、ゲノムDNAは生命の設計図とよばれています。

では、この生命の設計図には何が書いてあるのでしょうか？　ゲノムDNAから私たちが読みとれるのは、生体を構成する材料であるタンパク質やRNA（リボ核酸）のつくり方と、それをいつ・どこで・どのくらいの量つくるかという情報だけです。

タンパク質やRNAの大きさは、たかだか0・01マイクロメートル（マイクロメートルは1000分の1ミリ）程度です。これは、私たちのからだの基本単位である細胞の大きさ（10マイクロメートル程度）とくらべても、1000分の1程度です。たとえるならば、1センチの木片やネジの種類と数だけが記された設計図をもとに、10メートルの大きさの家を建てるようなものです。

たくさんの小さな材料をどのように組み合わせて細胞を形づくり、さらには細胞を寄せ集めてからだをつくるのかといった重要な情報は、ゲノムDNAには（直接は）書かれていません。

そもそも細胞の中には大工さんも全体の形づくりを指揮する建築家もいないようです。では、いったい細胞はどのようにして形づくられ、働きをもつようになるのでしょうか?

自己組織化による細胞構築

細胞建築の材料となるタンパク質などは、表面に多数の凹凸がある複雑な形をしています。この複雑な表面を使って、タンパク質は「鍵と鍵穴」のようにぴったり形が一致する特定のタンパク質と強く結合することができます。このようにして、それぞれのタンパク質が特定のタンパク質と決まった形で強固に結合することが次々とおこれば、適切な材料を混ぜるだけで「勝手に」小さな材料から大きな構造体ができあがることも納得できます(**図1A**)。

このように、ほかからわざわざ手を加えたり指示をしなくても、勝手に大きな構造体や秩序ができ上がっていく様子のことを、「自己組織化」とよんでいます。

自己組織化現象のよい例のひとつに、雪の結晶があります(**図1B**)。雪の結晶は、複雑で美しい形をしていて、大きさが1ミリ近くにもなりますが、これは小さくて単純な形をした水分子が集まって自発的に形成されたものです。また、細胞の材料であるタンパク質自身も、20種類のアミノ酸が連なった鎖状のものが、アミノ酸の並びに応じてたたみ込まれ、複雑で安定な構造体を自己組織的に形成することができます(**図1C**)。

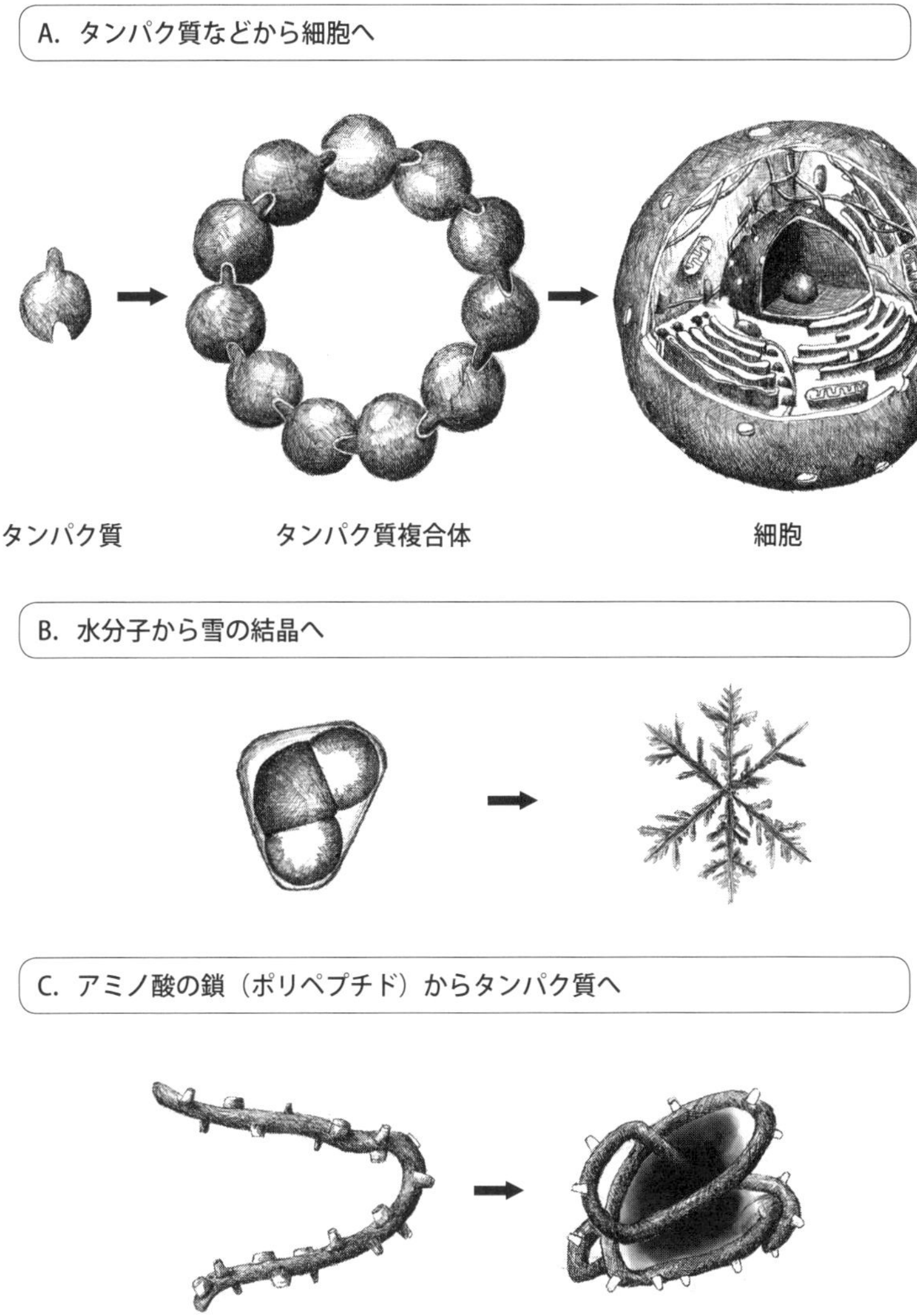

図1．自己組織化現象の例

細胞の形づくりも、外から命令されたり形を変えられたりしているわけではないので、自己組織的にできていることは間違いなさそうです。しかし、細胞が自分の中のタンパク質などの働きで「自己組織的に」できあがっているといっても、「細胞がどのように建築されているのか」という謎はまだまだ残ります。どのような自己組織化がおこって細胞が構築されていくのかという具体的な仕組みや、そこに共通する原理のようなものはほとんどわかってなく、現在多くの研究者が取り組んでいる課題となっています。

フラー・ドグマとテンセグリティ構造

細胞の構築デザインを考える時に、人工物の構築デザインが参考になるかもしれません。生物は生存競争の過程で、より効率的に細胞の形や強度を保つように進化してきたと考えられます。一方で、建築の分野でも効率的な構造が追求されています。

20世紀中ごろに活躍した建築家バックミンスター・フラーは、「最小の材料で最大の力学的安定性を得る構造」として、「テンセグリティ構造」を提唱しました。テンセグリティとは、テンショナル・インテグリティ（張力による統合）をもとにしてつくられた言葉です。ものの形を保つには、張力と圧縮力が主に働いています。柱を使って屋根を支えるのは圧縮力です。一方、テントなど布を引っ張って形をつくるのは張力の働きです。

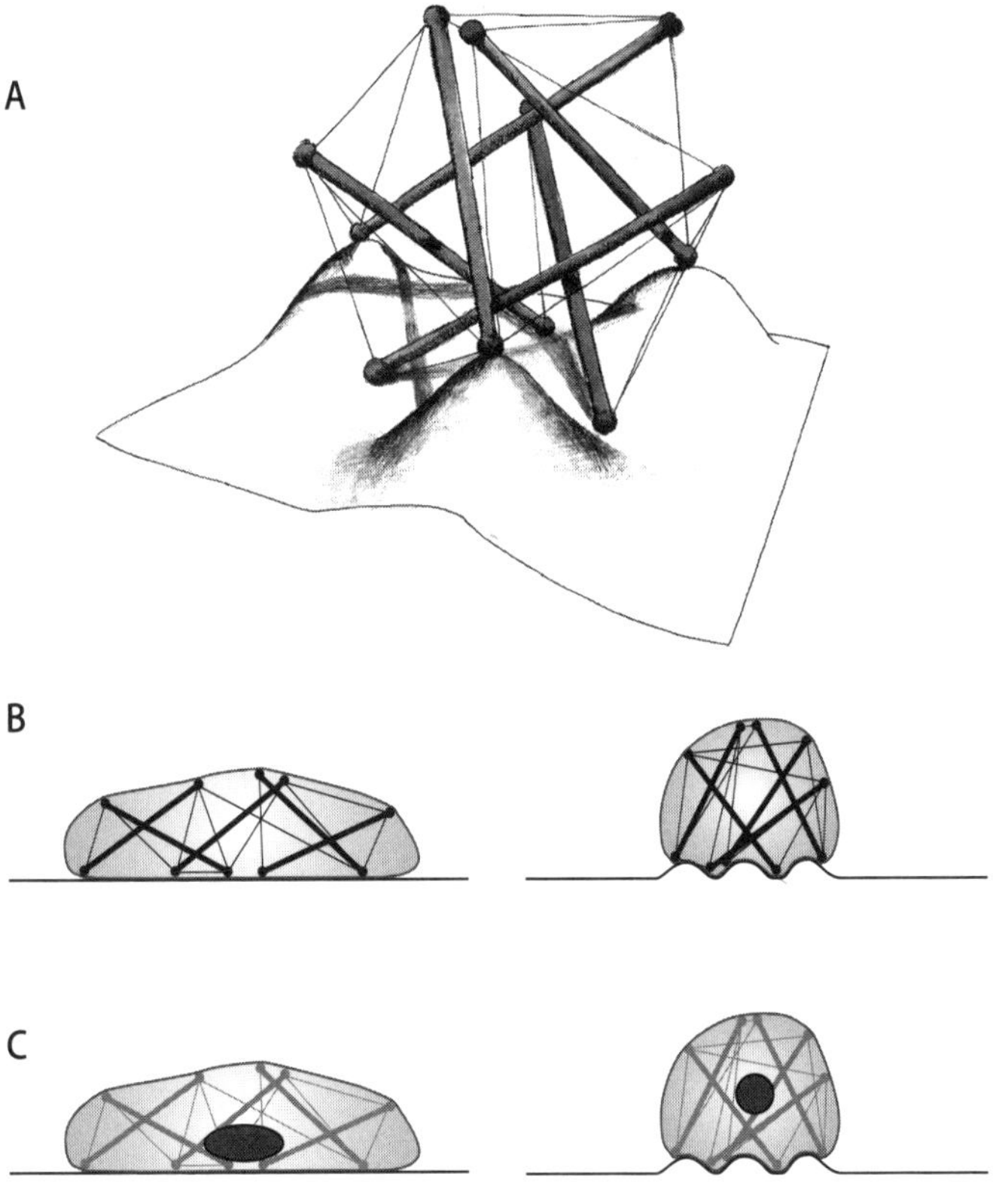

図2．テンセグリティ構造
テンセグリティ構造は、連続的な張力要素（図 A、細い線）と非連続的な圧縮要素（図 A、太い棒）が連結された構造です。テンセグリティ模型を堅い床におくと模型は比較的平たい構造をとるのに対して、柔らかい布におくと布を巻き込んで模型は盛り上がります。この違いは、堅さの異なる基質に細胞をおいたときの構造変化とよく似ています（図 B）。また、テンセグリティ構造の中にさらにテンセグリティ構造を入れ子にした構造では、堅い基質におかれたときに中の構造は接着面側に偏りますが、これは細胞内の核の位置の挙動とよく似ています（図 C）。

一般の建物では圧縮力を主に使っていますが、フラーは張力を多く使うことによって、材料を軽量化できることに注目しました。張力を発生するひもと、圧縮力を発生する木や鉄の柱の重さを考えればその差は歴然ですね。張力だけでは安定な構造を作るのは難しいですが、フラーはなるべく張力を取り入れて、連続的な張力要素と非連続的な圧縮要素が統合されたテンセグリティ構造を考案しました（**図2**）。彼はテンセグリティ構造が銀河の構造から原子の構造まで、自然が一貫して利用しているデザイン原理だと主張しました。

このテンセグリティ構造が細胞の構築原理としても重要であることを示唆したのは、ドナルド・イングバー博士です。博士は、細胞もテンセグリティ構造だと考えると、実験で観察される細胞の変形や、それにともなう細胞核の配置などがうまく説明できることを示しています（**図2**）。

実際に、細胞の中には細胞骨格とよばれる繊維状の構造物が張りめぐらされています。また、細胞の外には、細胞外マトリックスとよばれる足場のような構造体が存在しています。イングバー博士らは細い細胞骨格であるアクチン繊維が張力を発生し、太い細胞骨格である微小管や細胞外マトリックスが圧縮力を発生して、細胞のテンセグリティ構造を支えていると考えています。

テンセグリティの概念は、細胞構築の力学的原理として現在、もっとも有力な（あるいは唯一の）考え方です。しかし、単純なテンセグリティモデルと実際の細胞の構造にはまだまだ開きがあり、細胞がどのようなテンセグリティ構造なのかは今後の研究が必要です。テンセグリティ構造のさらなる理論的理解と、細胞内の構造体の詳細な観察が進み、両者が融合すれば細胞の構築原理について多くのことがわかるでしょう。

細胞のインテリアデザイン

テンセグリティ構造は、主に細胞の外観・形状のデザインについての原理です。では、細胞の中身、インテリアデザインはどうなっているのでしょうか？　細胞の中は均一な溶液ではなく、核やミトコンドリアなどの細胞内小器官が配置され、繊維状の細胞骨格が縦横無尽に張りめぐらされ、各細胞内小器官をつなぎとめたり、細胞内で物質を移動させるレールとして働いています。まるで、さまざまなビルが立ち並び、道路や鉄道でモノが移動する大都市のようです。

細胞の中のどこにどの細胞内小器官を配置するかも決まっています（図3）。たとえば、細胞核はふつう、細胞の中央に配置しています。細胞核は遺伝情報をもつゲノムＤＮＡをもっていますが、細胞が分裂する際にはこのゲノムＤＮＡを2部にコピーしてふたつの細胞に分けなければなりません。細胞はふつう、真ん中からふたつに分裂するので、ゲノムＤＮＡを含む核も中央にないと分裂時にうまく遺伝情報を分けることができないというのが理由のひとつと考

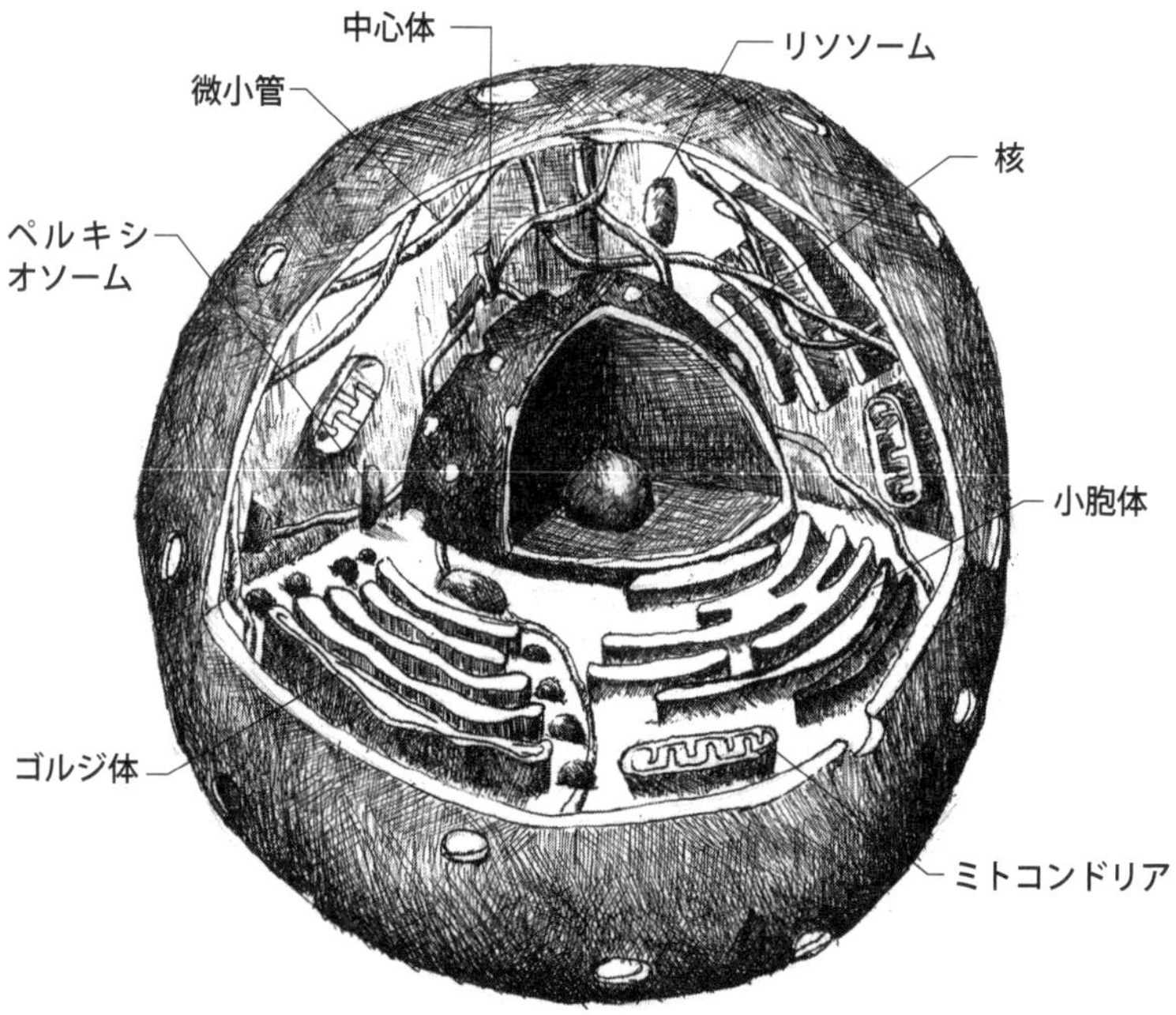

図3．細胞内小器官と間取り

えられています。

そのほかの細胞内小器官も細胞内での位置が決まっていますが、その意味についてはあまりよくわかっていません。しかし、どのようにして配置が決まるかの仕組みについては、精力的に解析が進んでいます。ここでも主役は細胞骨格です。細胞骨格は繊維状の構造体ですが、この細胞骨格を足場として、さまざまな細胞内小器官が配置していると考えられています。細胞骨格をレールとすると、このレールの上を決まった方向に移動する機関車のようなタンパク質（モータータンパク質）が細胞内にはあります。細胞内小器官は、このモータータンパク質の働きによって、それぞれ決まった場所に移動すると考えられています。

細胞内小器官の大きさや形の構築については謎だらけです。細胞も複雑な形をしていますが、その形は細胞骨格がその名のとおり「骨」となって、さまざまな形を可能にしていることがわかっています。細胞内小器官も複雑な形をしたものがありますが（図3）、どのようにして複雑な形ができ上がっているのかは、ほとんどわかっていません。

近年になって、細胞内の小さな構造が詳細に観察できるようになっています。タンパク質や脂質といった小さな分子から細胞内小器官のような構造体ができあがっていく仕組みについて、これから理解が深まっていくことが期待されます。

細胞内小器官の大きさの制御もよくわかっていません。興味深いことに、核などいくつかの細胞内小器官は、細胞の大きさに合わせてその大きさが決まっていることが知られています。つまり、細胞が大きければ核も大きく、細胞が小さければ核も小さいのです。核も細胞も「目」がついているわけでないので、どうやってお互いの大きさを知り、どうやって大きさを変えているのかについては、やはり謎だらけです。しかし、この細胞の大きさと細胞内小器官の大きさの関係は、細胞内小器官や細胞が構築されていく仕組みを知るためには、基本的で重要な謎です。

細胞の建築から個体の建築へ

ここまで、生命の設計図であるゲノムＤＮＡに記されているタンパク質などの情報から、どのように生命の基本単位である細胞ができるかについてみてきました。ここまででも謎だらけであることがわかっていただけたと思いますが、細胞が集まって個体ができるまでの段階も謎の宝庫です。

私たちヒトの場合、個体を構成する細胞の数は、約60兆個といわれています。細胞は特定の形をとったり、特定の種類の細胞と強く結合することができることが知られています。このような細胞の性質を駆使して細胞から個体ができ上がっていくと想定されますが、「私たちのからだのように複雑で機能的な形状が、どのようにしてできあがるのか?」生命の設計図であるゲノムＤＮＡが解読されても、生命の神秘に対する謎は尽きそうにありません。

第V部 発生と脳の謎

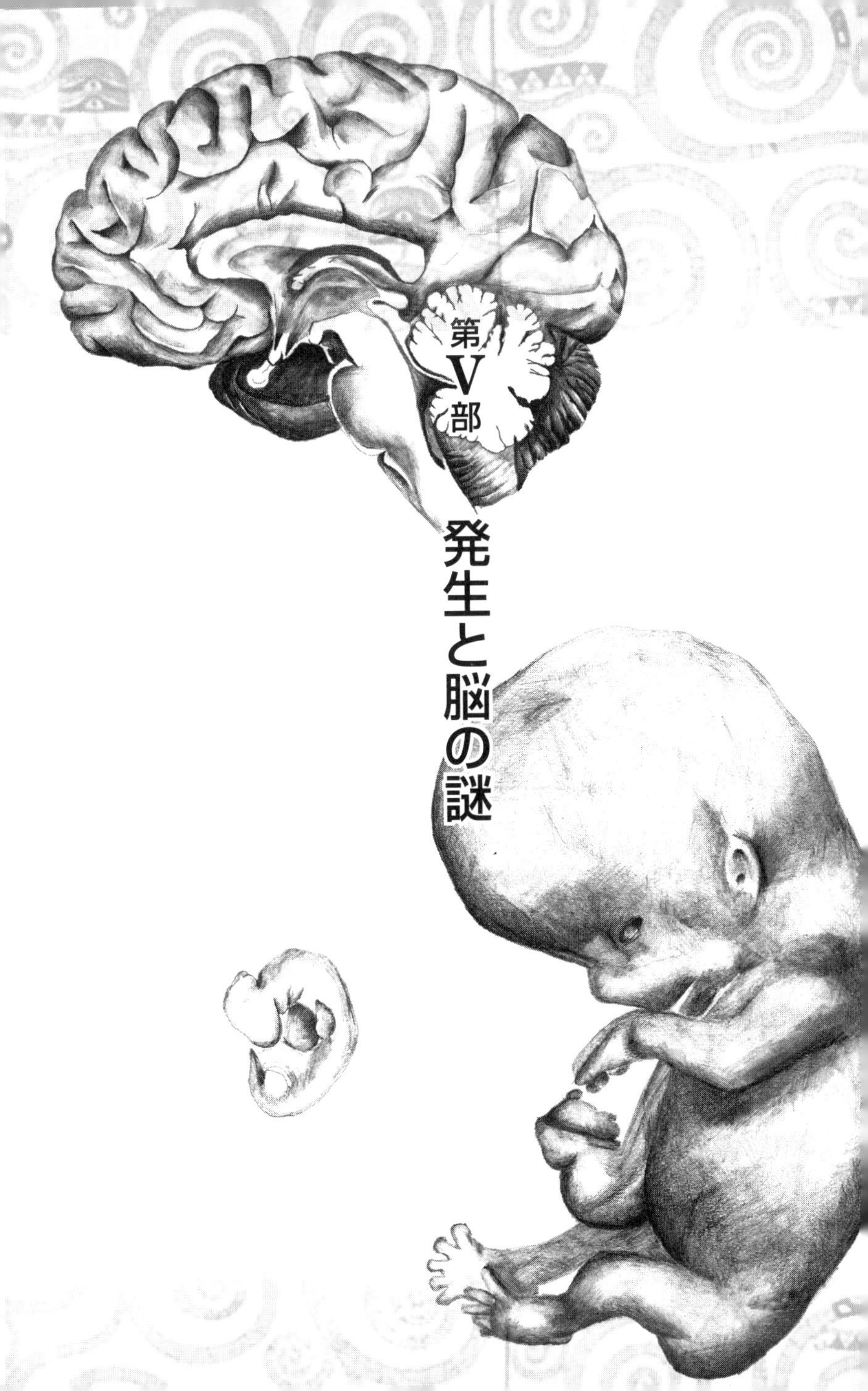

第16章

脳の個性の謎

遺伝子は脳の設計図なのか？

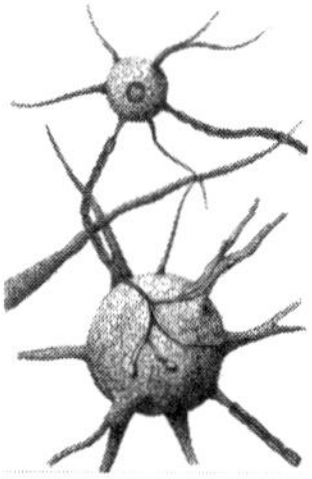

ニューロン

筆者：榎本和生

「個性を生み出す脳神経ネットワークの構築原理と作動原理の理解に取り組んでいる。」

遺伝子は脳の設計図なのか？

遺伝子は生命の設計図のようなものだといわれます。読んでその字のとおり、「すべての生物は遺伝子上に書きこまれたプログラムにしたがい発生する」ということです。実際に、遺伝子がまったく同じである一卵性双生児は、外見上は見分けがつかないくらい似ています。それでは、脳の構造や機能もまた、遺伝子に書きこまれているのでしょうか？

もしも、ヒトの性格や知性までもが、あらかじめゲノム上に書きこまれているのだとすれば、一卵性双生児は外見のみならず内面も瓜ふたつになるはずです。ところが、皆さんよくご存知のように、実際にはそうはなりません。一卵性双生児５０００組以上を対象におこなった研究によると、模倣能力（学習力のひとつの指標）の個人差は、遺伝子に依存する部分は3割程度であり、それ以外は後天的、つまりは育つ環境（教育や経験など）に依存するそうです。

ヒトの精神的な営みは、どの程度まで遺伝子によってプログラムされているのでしょうか？　また、環境はどのようにして脳機能にかかわるのでしょうか？　この問題について考えるためには、まず、ヒトの精神的な営みを生み出す脳の仕組みについて知る必要があります。

脳はニューロンという素子をつないだコンピューター回路

すべての生物（ウイルスを除く）の、もっとも基本的な構成単位が細胞（Cell：セル）だとわかったのは、１５０年ほど前のことです（Cellとはギリシャ語で「小さい部屋」という意味です）。たとえば、私たちヒトの体は、約60兆個の細胞からできているといわれています。私たちの脳もまた、ニューロンとよばれる細胞の集合体だということが証明されたのは、ほんの50年ほど前のことです。いまでは、ヒト脳内には約１０００億個のニューロンがあるといわれています。

ニューロンがほかの体細胞と大きく異なる点は、細胞体から複数の長い突起を延ばしていることです。これらの突起は、いわば電気コードみたいなもので、ほかのニューロンから出た突

大脳神経回路（ネットワーク）

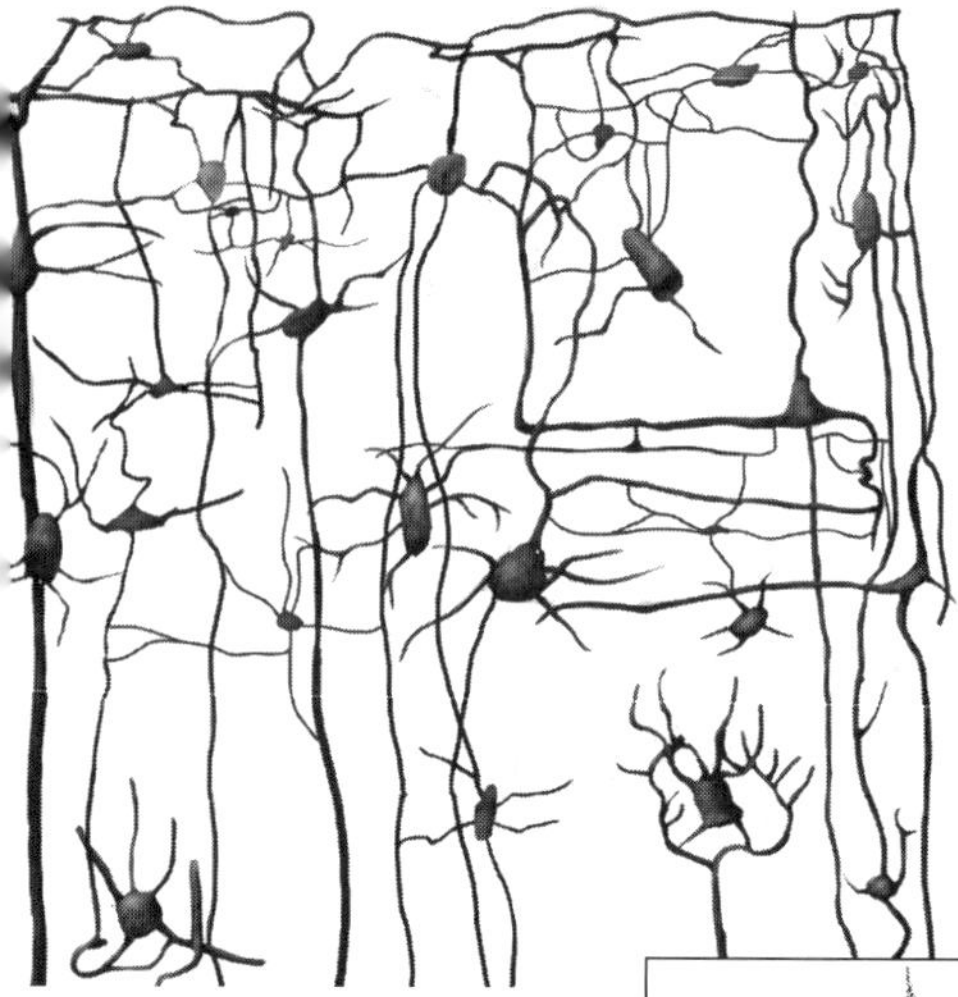

拡大図

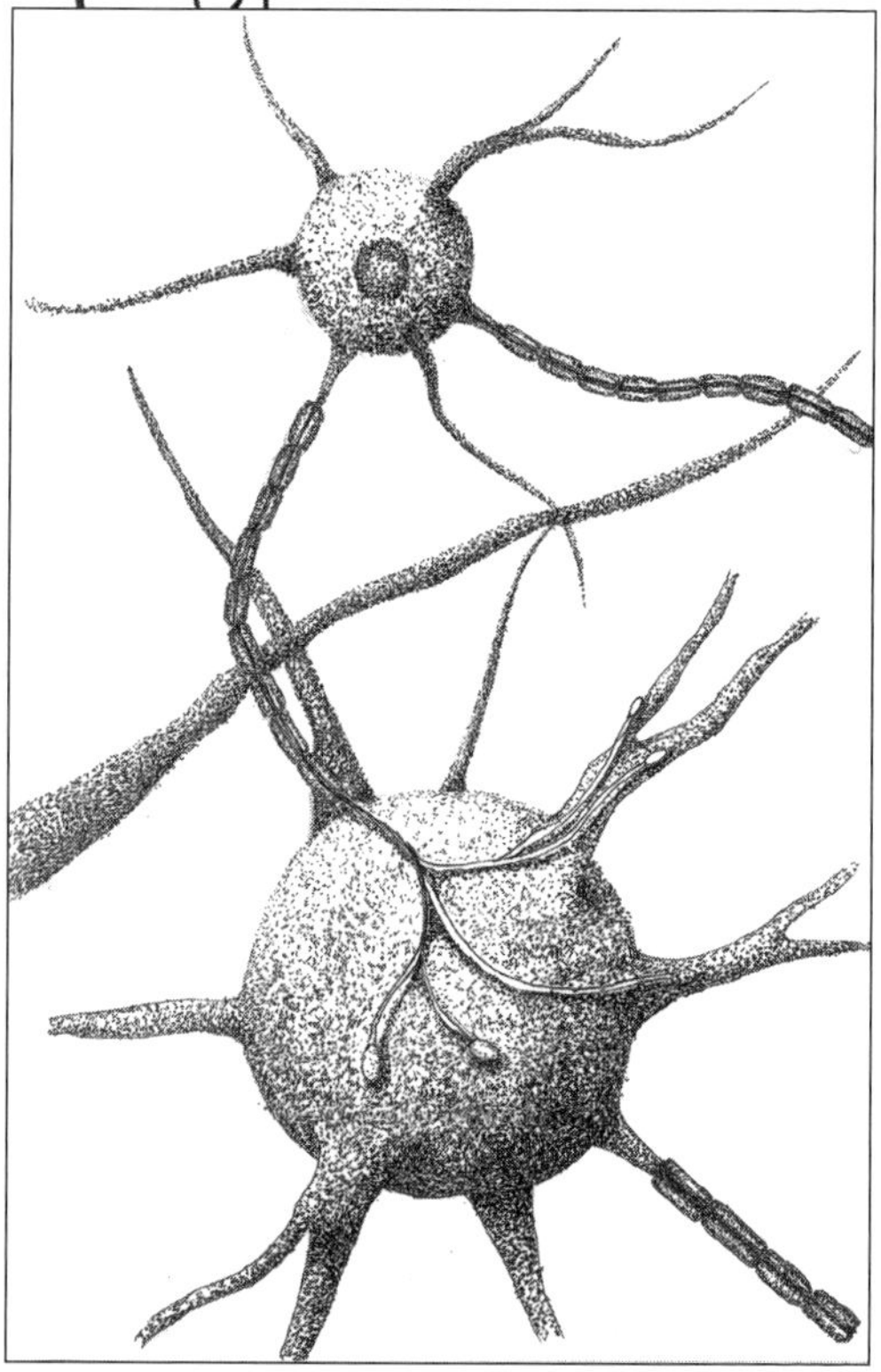

図１

起と結びつくことにより、ネットワーク（回路）をつくり上げます（**図1**）。脳の情報は、この神経突起がつくるネットワークの中を電気として伝達されています。たとえるならば、脳はニューロンという「素子（チップ）」を配線したコンピューター回路のようなものなのです。

このニューロンがつくる回路を使って、私たちはどのように外界の情報を感じたり、考えたり、からだを動かしたりしているのでしょうか？　比較的よくわかっている「みる」ということについて考えてみましょう。

私たちが絵画を眺めると、まず画像がいったん「色」や「光度」、「彩度」などの素要素ごとに網膜にある光受容体により感知されます。次に、個々の情報が視神経によって電気信号へと変換され、視神経の神経突起を介して脳内へとリレーされます。そして、最終的にすべての電気信号が脳内の特定の場所でもう一度統合されて、ようやく私たちは「あ、モナリザだ」とわかるわけです。この間、時間にしてわずか1000分の1秒程度ですが、想像を絶する複雑な電気信号のやりとりがおこなわれているのです。

実際には、「あ、モナリザだ」と思うためには、目からくる電気信号だけでは不十分で、過去に自分がみたモナリザという絵の記憶を脳内からよびおこし、さらにそれを目から入ってきた情報と比較するという作業が必要になります。この時にも脳内のニューロン間で絶え間ない電気信号のやりとりがおきていることは確かなのですが、どこからどこへ電気信号が流れ、その情報がどこで統合されると過去の記憶がよび出されるのかなど、ほとんどわかっていません。

ヒトがもつ高次な脳機能を生み出すメカニズムを理解する事は、ヒトそのものを理解したともいい得ることであり、脳科学者の究極のゴールとなっています。

遺伝子が神経ネットワークを生み出すナビゲーション・システム

ここまでの話から、脳が働くためには、ニューロン間の配線がちゃんとできていることがとても重要だということがわかると思います。配線が途中で切れたり混線したりすると、目から入った電気信号が途中で途切れたり、まったく違う場所から間違った情報が入ってしまったりで、このような誤った情報を脳内で統合すると、実際とは全然違うモノが脳内で再現されてしまいます。ところが実際には、「断線」や「混線」がおきることはほとんどありません。末梢組織へと延びるニューロンの中には、1メートル近くも神経突起を延ばすニューロンもありますが、道を間違えることなく目的地へと突起を送りこむことができます。

ここ20年くらいの研究から、遺伝子が神経ネットワークを正確に配線する仕組みがわかってきました。簡単にいうと、生体内には神経突起を正しい場所へと導くための緻密な「ナビゲーション・システム」が備わっているのです（**図2**）。

遺伝子は、脳をつくるときに「こっちにおいで」や「こっちにくるな」という情報（標識）を要所要所に配置しているのです。一方で、ニューロンの神経突起の先端には、その情報を

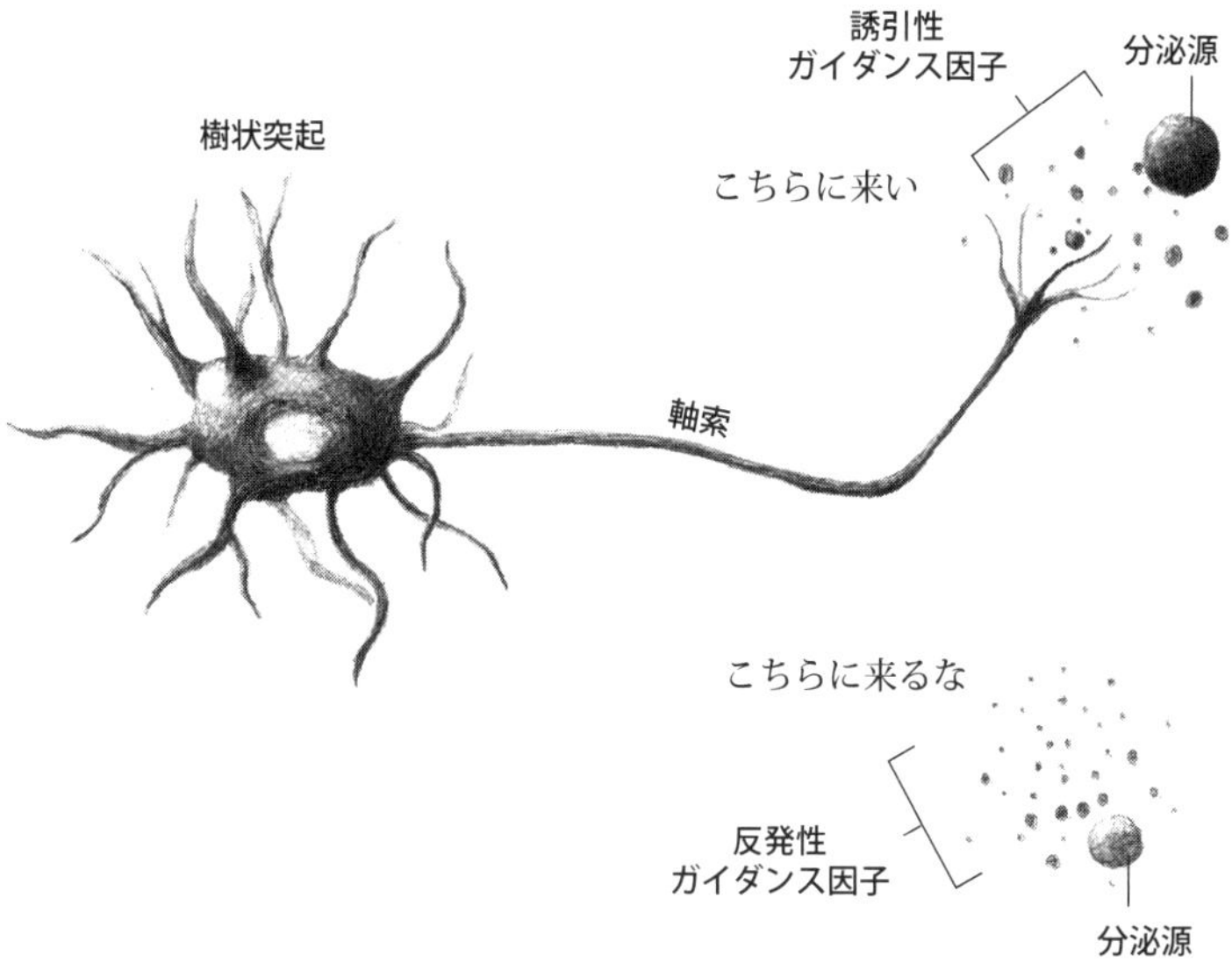

図2

読みとる個別のセンサーを装着させておきます。ニューロンAにはセンサーA、ニューロンBにはセンサーBという具合に。それぞれの神経突起の先端が分岐点に近づくと、センサーを使って標識に書かれた情報を読みとり、それにしたがって正しい方向へと突起を延ばしていきます。

ところが、研究が進むに連れて、このナビゲーション・システムだけでは脳の配線メカニズムを説明できないことがわかってきました。ここ20年間でみつかった「センサー」と「標識」の数は、それぞれ20個程度です。これでは1000億もあるニューロンの神経突起を個別にナビゲーションするには、あまりに少ないように思えます。

さらに大きな難問があります。脳内には約１０００億のニューロンがあり、それぞれ平均すると１０００個のほかのニューロンと配線されています。もしも遺伝子が用意する「センサー」と「標識」だけを手がかりに配線するのであれば、正しい配線ができ上がるためには、単純計算でも10の11乗個の「目印」が必要となります。

ところが、ヒトの遺伝子上に書きこまれている情報は有限で、たかだか2万個の遺伝子（タンパク質をコードしているものに限れば）しかもっていないことがわかっています。これでは、たとえすべての遺伝子を「目印」として使っても全然足りません。この「数の矛盾」をニューロンがどうやって克服しているのか、さまざまな仮説が提唱され検証されています。謎が解けるまでには、もう少し時間がかかるかもしれません。

何が「脳の個性」を決めるのか？

ヒトの脳の中の神経ネットワークは、生まれる前後ででき上がります。しかし、まだ終わりではありません。幼少期の神経回路は、そのままでは機能的に未熟な状態だということがわかってきたのです。たとえばヒトの幼いころの記憶は明確ではありません。これは、記憶を形成・維持するための神経ネットワークが不完全だからではないか考えられています。生後、外界からのさまざまな刺激が脳に入るにつれて、機能的な神経回路へと成熟します。

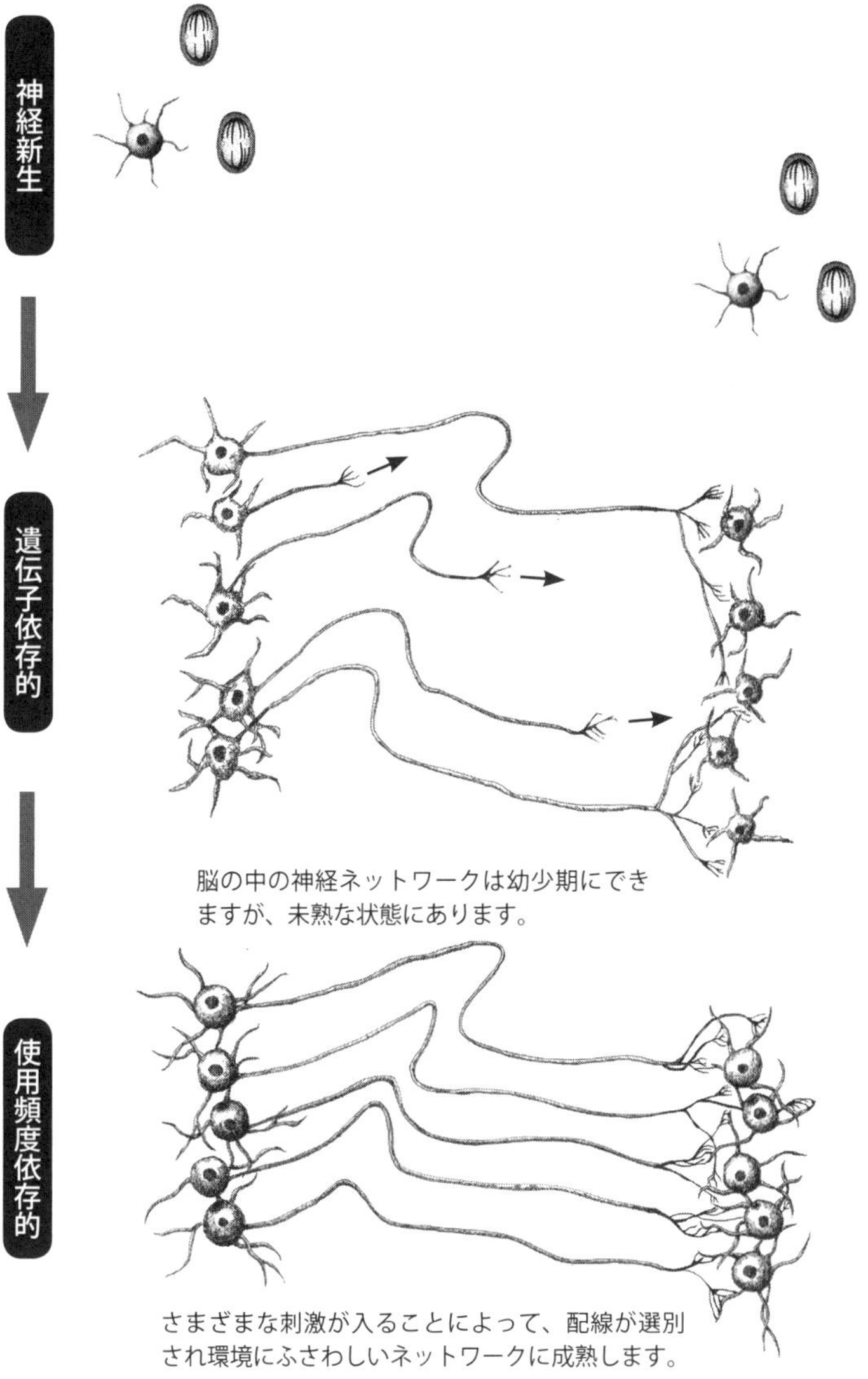
神経新生
遺伝子依存的
使用頻度依存的
脳の中の神経ネットワークは幼少期にできますが、未熟な状態にあります。
さまざまな刺激が入ることによって、配線が選別され環境にふさわしいネットワークに成熟します。

図3

この時、脳の中では何がおきているのかというと、最初につなげられた配線の中で、よく使われるモノは残り、逆に使われないモノは切断される、というふうに選別がおこなわれているようなのです（**図3**）。その結果、そのヒトが置かれた環境や経験の中で、もっとも効率よく情報を処理できる神経ネットワークができあがると解釈されています。

つまり、脳の神経ネットワークは、遺伝子がすべてをプログラムする「フル・オーダーメード」方式ではなく、遺伝子が大まかにつくったものを外環境に応じて整える、「セミ・オーダーメード」方式なのです。

このセミ・オーダーシステムが、ヒトの脳のアイデンティティー形成に大きくかかわっていると考える人たちもいます。つまり、それぞれのヒトが、生後に経験する環境に依存して脳内のニューロン間の配線が少しずつ違ってくること、これが「脳の個性」を生み出しているのではないかという考え方です。

実際、「臨界期」（子どもの脳が外界からの影響を受けやすい時期。第16章も参照）はヒトの人格形成期とも対応しています。外環境が脳内の神経ネットワークをどうやってカスタマイズするのか、その研究はまだ始まったばかりです。このような研究から、将来、ヒトの個性や感性を規定するメカニズムを理解するための重要なヒントが得られるかもしれません。

精神疾患は遺伝子の病気なのか？

遺伝子と脳との関係を考える上で大切な問題は、精神疾患との関係です。これまでに、多くの脳機能の異常が、遺伝子の異常によっておこることがわかっています。これらは「遺伝性精神疾患」とよばれ、特定の遺伝子にエラー（変異や傷）が入ることによっておこります。その結果、脳の中で重要な働きをしている物質ができなくなったり、機能が異常になったりします。

精神疾患の原因となる遺伝子変異を詳しく調べてみると、ニューロンの突起形成や配線にかかわる物質に異常がおきている例が、多く含まれることがわかってきました。つまり、たったひとつのわずかな遺伝子の異常が、脳内の神経回路の不具合を生み出し、それが最終的に重大な脳の機能異常へと発展しているようなのです。

一方で近年、遺伝子のエラーが原因とは考えづらい病気が増えています。たとえば、統合失調症やうつ病などがそれにあたります。最近の調査では、先進国人口の約10％が、うつ病もしくはその予備軍であるという報告まであります。この数字は、発展途上国でおこなわれた調査結果と比較するとはるかに高い数字なので、先進国に共通する環境要因を考慮しなくては説明できません。皆さんもよくご存知のように、社会性ストレスや大気汚染物質のようなものが、その環境要因にあたるのかもしれません。

ストレスなどの外環境が成人の脳機能に影響をおよぼすメカニズムは、まだよくわかっていませんが、以下のような筋書きが考えられています。脳がストレスを感じた時には、その状況に対応するために、さまざまなホルモンや神経伝達物質が体内に分泌されます。もちろん、この反応自体は個体が危機的状況を回避するために有益なことです。ところが、この状態があまりに長くつづくと、よくないことがおこります。たとえば、セロトニンという神経伝達物質は脳の機能に不可欠ですが、ストレス状態がつづくと脳内から枯渇してしまいます。また、最近の研究では、ある種のストレスホルモンに長時間暴露されると、脳内のニューロンの神経突起の退縮が引きおこされる（配線が壊れる）ことが報告されています。

つまり、本来は脳をストレスから守るために備わっている自己防衛システムが、あまりに長期間にわたって作動したがゆえに、自分自身を傷つけてしまっているようなのです。

このような症状は、しばらくストレス環境下から離れたり、脳内のセロトニン量を増やすようなクスリを飲んだりすると改善がみられます。遺伝子と環境の、どのようにしてバランスをとりながら脳機能を正常に保っているのか、この疑問が解ければ、精神疾患の予防や治療に新しい指針がみえてくる可能性があります。

脳は取りかえ可能なのか？

最後に希望がふくらむ話題をひとつ。長い脳研究の歴史の中では、ヒトの脳は一度ニューロンを失うと二度と再生できないと信じられてきました。たとえば、病気や外傷により脳内のニューロンを失うと、その部分は再生することができず、脳機能障害となります。また、ふつうに生活していても（病気や障害とは無関係に）、成人の脳内では一日に約1万個のニューロンが死んでいるそうです。つまり、脳は幼少期にでき上がってしまうと、その後は衰える一方だということになります。このような話を耳にした時は、すでに物忘れが激しい私などは、とても憂鬱《ゆううつ》な気分になったものです。

ところが最近、成人の脳内でも常に新しいニューロンがつくられていて、継続的に神経回路へと組みこまれていることがわかってきました。しかも、このニューロン新生は、「記憶を一時的に貯める場所」といわれる海馬という領域においてもっとも顕著にみられるのです。

いろいろな研究の結果、海馬のニューロン新生は新たな記憶の形成に寄与しているらしいということがわかってきました。また、脳梗塞、脳内の一部ニューロンが死んでしまった場合でも、海馬の新生ニューロンが障害部位に移動して、神経回路の再生に寄与している可能性まで示されつつあります。

うれしいことに、脳に刺激を与えるような環境下では、生みだされる新生ニューロンの数が劇的に増えるそうです。ここでいう「脳に刺激を与える環境」とは、何も高価な薬剤を飲んだり、特別なトレーニングをおこなったりということではありません。たとえば、何も無いカゴの中にずっと一匹でいるネズミと、いろいろな遊び道具を与えられたカゴの中に集団で遊びまわるネズミとでは、後者のニューロン新生がずっと多いのです。

これをそのままヒトに当てはめるならば、バラエティーに富んだ生活をおくるほうが、ニューロン新生が多い＝脳の機能が高まると解釈できます。たとえば、日々の通勤・通学でも、いつも同じ時間に同じ道を通るのではなく、少し遠回りして新しい道を通るだけでも、脳に新しい刺激が入り、新たなニューロンが生み出されるかもしれません。

皆さん、記憶の衰えを年齢のせいにしていませんか？　あきらめるのはまだ早いですよ！　今日はいつもの帰り道から少しだけ遠回りして帰ってみませんか？

第17章

子どもの脳の発達の謎

子どもの脳が発達するとき、脳の中で遺伝子は何をしているのか？

筆者：岩里琢治

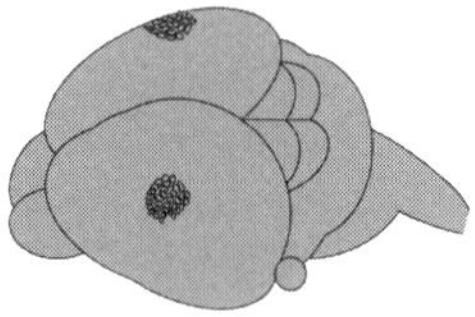

マウスの脳

「哺乳類の脳の神経回路が形成され機能する仕組みを、遺伝子から個体レベルまで包括的に理解することを目指し、マウスを用いて研究している。生まれてから環境の影響をうけて神経回路が成熟する過程に特に興味をもっている。」

子どもの脳がもつ柔らかさ

私たちは、身のまわりのできごとや流行語など、さまざまな新しいことを記憶しつづけながら日々を過ごしています。脳は神経細胞がつくる巨大で精巧なネットワークですが、私たちがものを覚えるとき、脳の中では特定の神経の経路が強くなったり、逆に弱くなったりということがおきています。つまり、私たちの脳は、外界からの刺激によって「ネットワークの性質」を変化させるという柔らかさをもっているのです。記憶力は年齢とともに衰えるものですので、子どもの脳はおとなとくらべてずっと柔らかいといえます。

しかし、実はそれだけでなく、子どもの脳にはおとなとは次元の違う柔らかさもあるようです。その一例として、幼少期に英語圏で生活した帰国子女が英語のネイティブスピーカーとなれるのに対し、おとなになってからでは難しいことなどが、よく引き合いに出されます。

それでは、子どもだけがもつ脳の柔らかさとは実際にはどういうもので、どういう仕組みなのでしょうか？　それはいまだ解明されていない大きな謎です。子どもに特有の脳の柔らかさは、おとなでみられる柔らかさとは異なり、「ネットワークの性質」だけではなく、「ネットワークそのもの」までを変化させる大きなものであると考えることができますが、まだ、研究はほんの入口にさしかかったばかりです。本章では、私を含む研究者がどういう戦略で研究しているのかということの一端を紹介します。

子どもの脳では外界からの刺激を受けて神経ネットワークが微調整され成熟する

さて、先に述べたヒトの母国語の習得のような現象を直接研究しようとしても、実験がほとんどできませんので、生物学的に仕組みを深く理解するのには向いていません。そこで動物を使った実験系が登場してきます。その例として、ネコやサルの大脳皮質の視覚野（目からの情報を処理する領域）を用いた１９６０年代の有名な研究があります。

右視野（自分の右側の世界）の情報は網膜の左側に映され左の脳へ、左視野の情報は網膜の右側に映され右の脳へと伝達されますが、サルやネコのように顔の前方に目が付いている動物では、両眼とも左右の視野をもちますので、左右どちらの脳にも、両眼からの情報が入ってきます（**図1**）。これらの動物の視覚野では、生後すぐには、両眼からの情報が混じり合っていますが、子どもの時期に両眼からの刺激を受けることによって、視覚野の中で右眼に主に反応する部分と左眼に主に反応する部分がきれいに分離し、おとなでみられる成熟した視覚ネットワークができあがります。

興味深いことに目が開いてしばらくの間に片眼を閉じたまま動物を育てると、視覚野の中で閉じた目に反応する部分が縮小し、開いている目に反応する部分が拡大します（**図1**）。そして、その後で目を開いても回復しない、すなわち、その動物は一生、閉じていた方の目がみえなくなります。一方、おとなになってから片眼を閉じても同じような変化はおこりません。

つまり、子どもの脳には外界からの影響を受けやすい時期（臨界期）があり、胎仔期から幼仔期にかけて大ざっぱに形成された神経ネットワークは、臨界期に外界から適切な刺激を受けて修正されることによって、おとなの堅固なネットワークへと成熟するのです。この時期にかたよった刺激が入ると、脳のネットワークはゆがんで形成され、それが一生戻らなくなります。いま、私がおこなっている原稿執筆を例とすると、文章をだいたい仕上げた後、推敲や校正をしてから印刷へとまわすわけですが、一度印刷してしまえばその後の修正は困難です。臨界期はネットワークの推敲や校正をする時期といえます。

マウス（ハツカネズミ）を使って遺伝子の働きを知る

「生命の設計図」ともよばれる遺伝子は、ヒトやマウスでは2～3万個存在することがわかっていますが、染色体の主成分であるDNA（デオキシリボ核酸：有名な二重らせん構造をとっている分子）という高分子の一部が遺伝子として働きます。そうした遺伝子は適切な時に、適切な細胞で、適切に働くことによって、生物の体を正常につくり上げ、機能させます。したがって、子どもの脳に特有の柔らかさの仕組みを理解するためには、いつ、どこで、どのような遺伝子がどのように働いているか、ということを知ることが重要です。

では、子どもの脳の柔らかさに関する遺伝子のプログラムは、どのような方法を用いて研究すればよいでしょうか？「遺伝学」は、まさにそうした「遺伝子の働き」という観点から生命現象を理解しようとする生物学です。その主要な方法に、遺伝子ノックアウトがあります。つまり、ある遺伝子の働きを知るため

図1．目からの刺激を受ける中で成熟する子どものサルの視覚経路
左視野（左の世界）は両眼の網膜の右側に映り、右側の脳（視床と大脳皮質視覚野）へと投射されます。おとなのサルの左眼に放射性標識したプロリン という物質を注入し、神経の経路を可視化すると、視覚野において左眼に反応する領域が白く浮かび上がり縞模様がみえます。黒い部分は右眼に反応する領域ですが、どちらも同じぐらいの面積を占めることがわかります。ところが、子どもの時期（臨界期）に右眼を遮蔽されたまま成長したおとなのサルでは、右眼に反応する領域が縮小し、左眼に反応する領域が拡大しています。

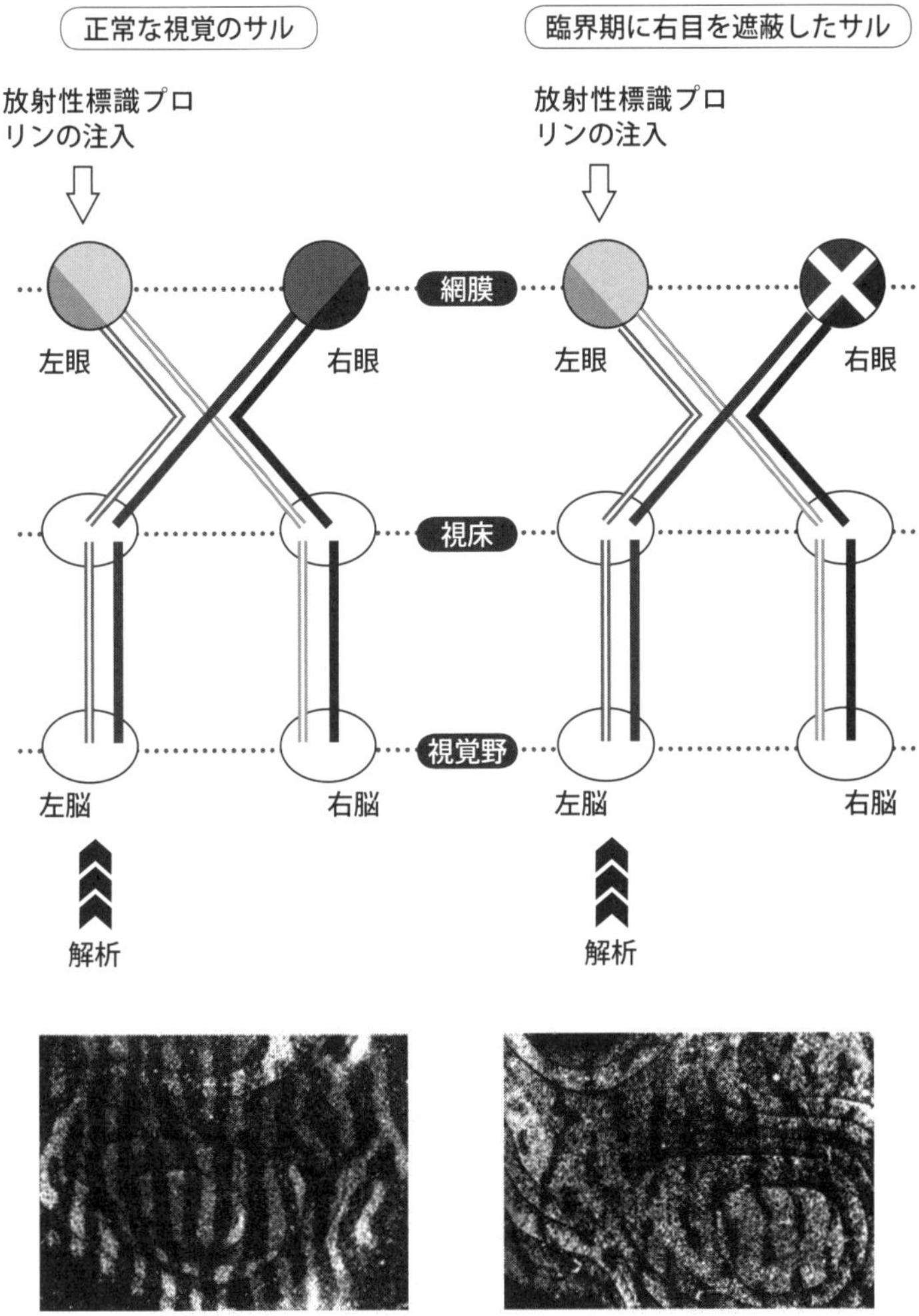

Hubel, Wiesel, and LeVay, 1977

には、その遺伝子の機能を人為的に破壊した動物（いわゆるノックアウト動物）をつくり、そこでどのような異常がおきるのかをみればよいわけです。

ところで、一般の人からみれば、動物の脳を研究して人間の脳がわかるのか、と疑問に思われるかもしれませんが、生物学的にはヒトは特別な存在ではありません。種は異なっても生物は多くの共通点をもっていますので、ハエや線虫のような下等な動物を研究しても、ヒトの脳に関する多くのことがわかります。しかしながら、脳の高次機能をになう大脳皮質の研究ともなると、下等動物ではなく、脳の基本的な構造がヒトと同じである哺乳類を使う必要があります。

繁殖が容易でさまざまな遺伝子操作が自由自在におこなえるマウスは、遺伝学にもっとも適した哺乳類であり、まさに、ヒトの脳（特に大脳皮質）の発達における遺伝子の働きを研究するための、最高のモデル生物なのです。

ネズミの仲間の脳にみられる「ヒゲの模様」を研究する意味

では、「マウス遺伝学」を用いて、子どもの脳の発達を知るためには、どのような実験系を用いればよいでしょうか？　先に述べたような、視覚系を用いた研究をマウスでおこなうことも有意義であり、実際に活発におこなわれています。しかしながら、マウスは夜行性の動物ですので、視力がよくありません。また、目がネコやサルのように顔の前方には付いていないため、両眼の視野の重なりが小さいなど、視覚系を研究する上で多くの制約があります。マウス遺伝学に最適のシステムとして、近ごろ注目度が上昇しているのが、ヒゲの感覚です。ヒトは自分の周囲の状況を知るときに目からの情報に頼りますが、ネズミの仲間はヒゲからの情報を主に用います。

ネズミをよく観察すると、ネコなどとは異なり、ヒゲをリズミカルに動かせて周囲を探索していることがわかります。ヒゲからの刺激は大脳皮質の「体性感覚野」とよばれる領域に伝わります。ネズミの仲間では、ヒゲ感覚に反応する部分は大脳皮質の中の非常に大きな面積を占めますが、この事実からもヒゲ感覚の重要性は明らかです。

ネズミの仲間の体性感覚野には、顔におけるヒゲの配置をそのまま写しとったかのような「バレル」とよばれる模様がみえます（**図2A〜C**）。バレル模様は、ネズミの仲間などにしか存在しない特殊なものであり、進化的には、ヒゲ感覚をになう神経ネットワークが高度に発達した結果、出現したものと考えられます。

生まれた直後のマウスでは、隣接するヒゲからの感覚をになう経路が脳で混じり合っているため、バレル模様はありません。それが、生後数日の間の臨界期にヒゲが刺激されることによって、個々のヒゲからの情報を伝える経路が互いに分離し、その結果バレル模様が形成されるのです。

図2．ヒゲからの刺激を受ける中で成熟する子どものマウスのヒゲ感覚経路

B

A

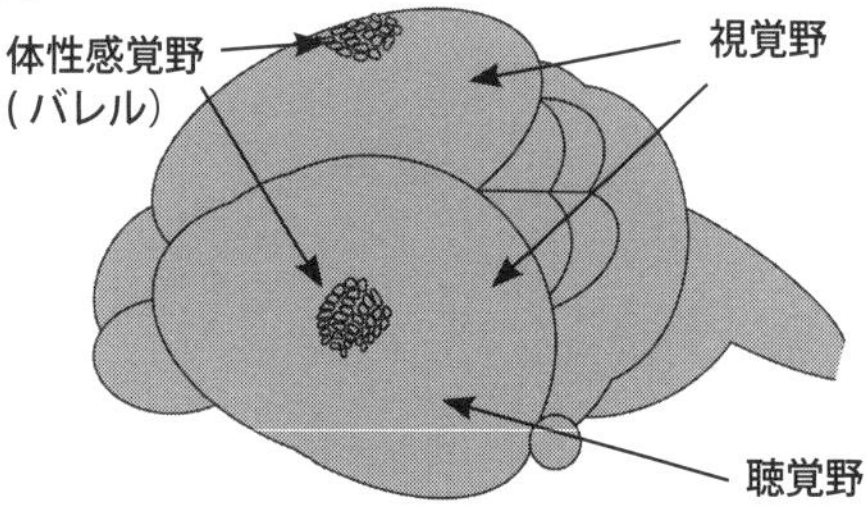

B.　マウスの顔におけるヒゲの配置を示します。ヒゲの配置がAやCのバレル模様と同じ角度になるように、マウスの写真を時計回りに約90度回転させたものです。

A.　マウスの脳の模式図。体性感覚野は触覚などの体性感覚を司る大脳皮質の領域です。個々のヒゲからの入力を体性感覚野に伝える神経の末端は、体性感覚野で明確に分離して、「バレル」とよばれる特徴的な模様をつくります。バレル模様はマウスの主要な感覚器であるヒゲのパターンと同じです。

C

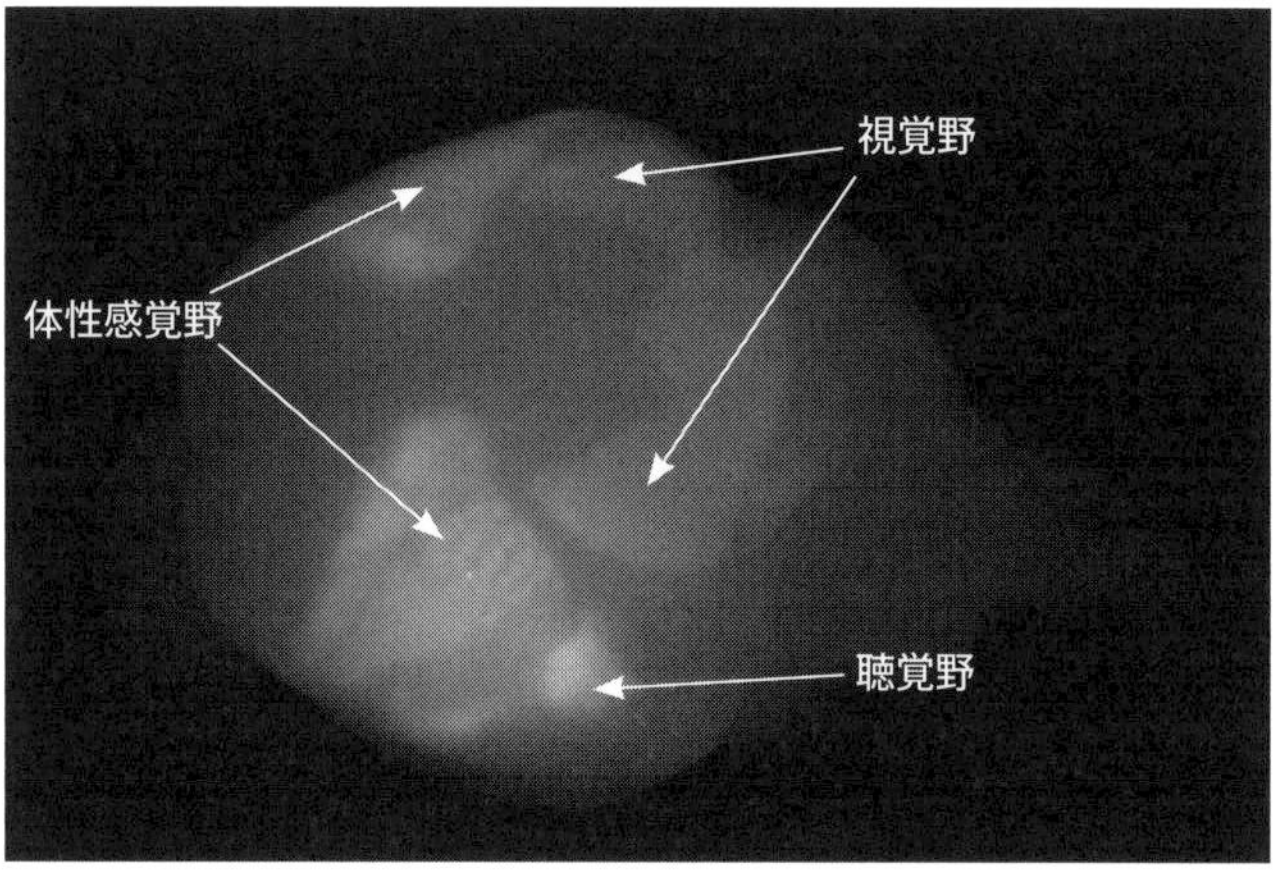

C. 私たちが最近開発した、感覚情報を大脳皮質に伝える神経を、遺伝子操作によってGFPで蛍光標識したトランスジェニックマウスの脳。体性感覚野にバレル模様がきれいにみえます。

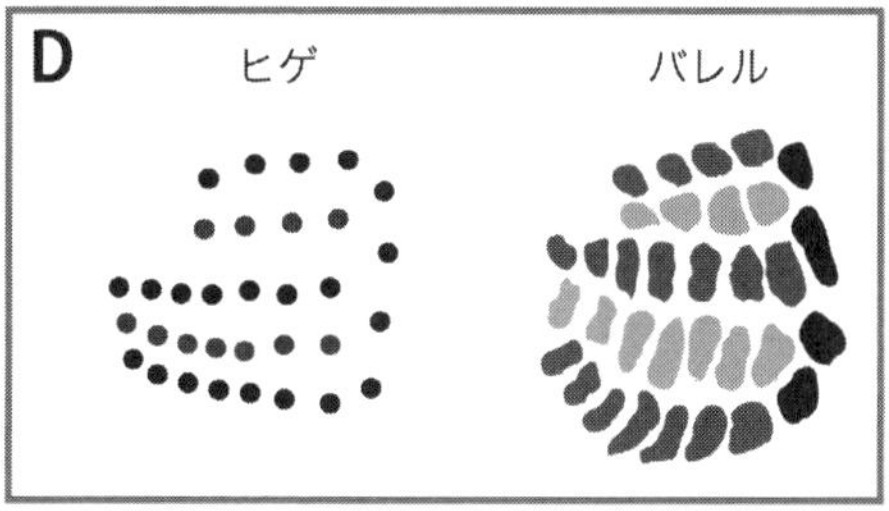

D.　正常に育ったマウスでの、ヒゲとバレルの配置を示します。

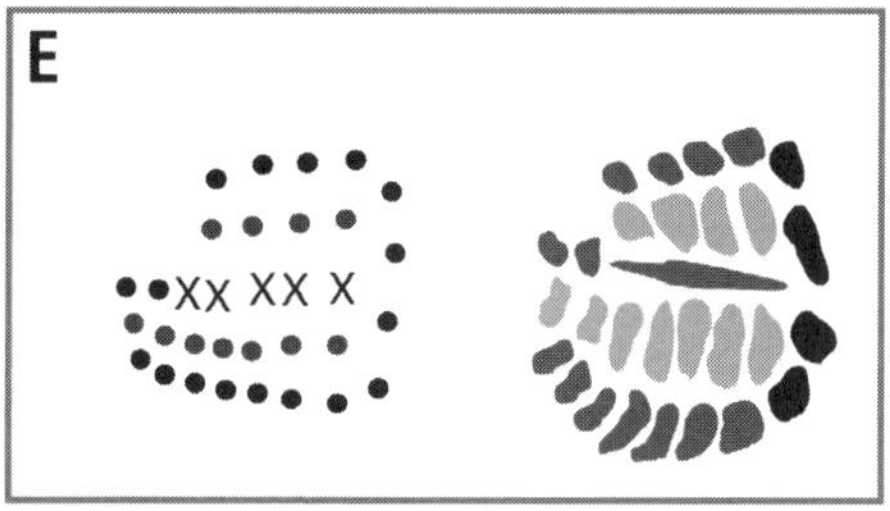

E.　成長期に一群のヒゲ（図では真ん中の列のヒゲ）からの刺激を遮断すると、そのヒゲに対応するバレルが分離せず、縮小します。そして、隣接するバレルが拡大してその領域へ侵入します。

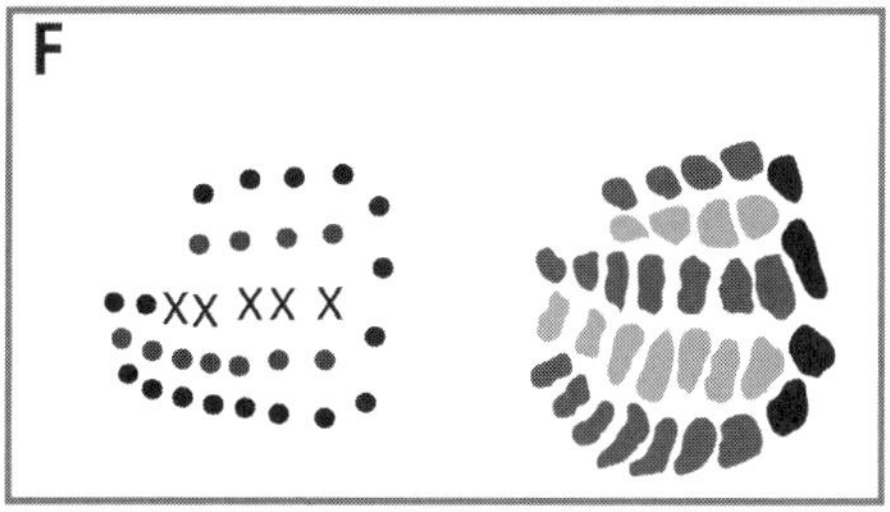

F.　おとなになってからヒゲ刺激の遮断をしてもバレルは変化しません。

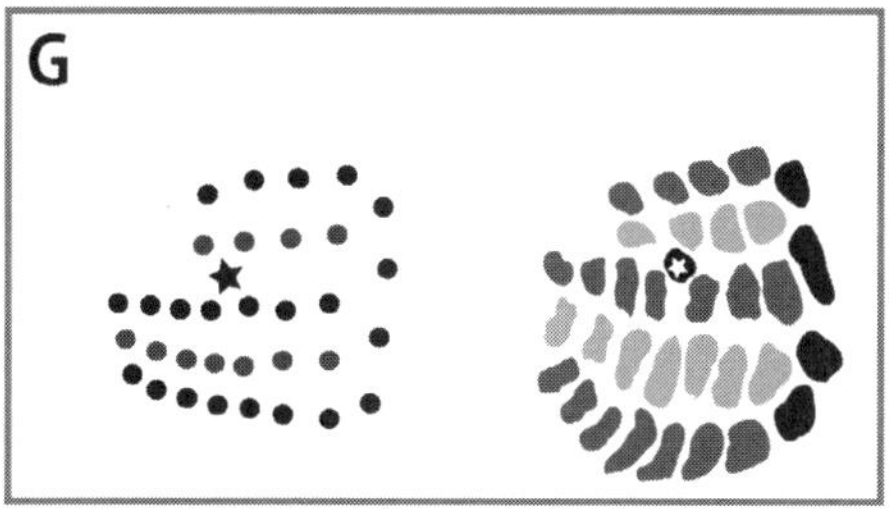

G.　また、人為的操作によって胎仔期からヒゲの本数を増やしたマウスでは、バレルの数も増えます。
これらのことから、バレルは、マウスが成長期にヒゲから受ける刺激によって経路を微調整する中でつくられることがわかります。

ネコやサルの視覚の例と同じく、臨界期にヒゲからの入力を遮断したり、かたよった刺激をいれたりすると、バレル模様の形成が異常になることもわかっています（図2D〜G）。つまり、当初おおざっぱに形成されたヒゲ感覚のネットワークが、臨界期にヒゲからの刺激を受けることによって整理され、体性感覚野にバレル模様ができるのです。したがって、この系を用いて、子どもの脳の発達にともなう遺伝子の働きを遺伝学の手法で解析することが可能となります。

子どもの脳の柔らかさの仕組み――マウス遺伝学のパワー

１９９０年代半ば以降、さまざまなノックアウトマウスが作製され、それによって、バレル模様の形成に重要な働きをする遺伝子が次々とみつかってきました。さらに、最近では、複雑な脳のネットワークのごく一部でだけ目的の遺伝子をノックアウトするという、高度な遺伝学技術も実用化されています（図3）。そうした研究によって、どのような遺伝子がネットワークのどこで、どのような働きをしているのかということが、少しずつですが明らかになり始めています。

こうした進歩は、今後ますます加速すると思われます。近ごろでは、遺伝学的手法を用いて、厳密な意味での遺伝学（すなわち遺伝子ノックアウトなど）にとどまらない、幅広い応用も可

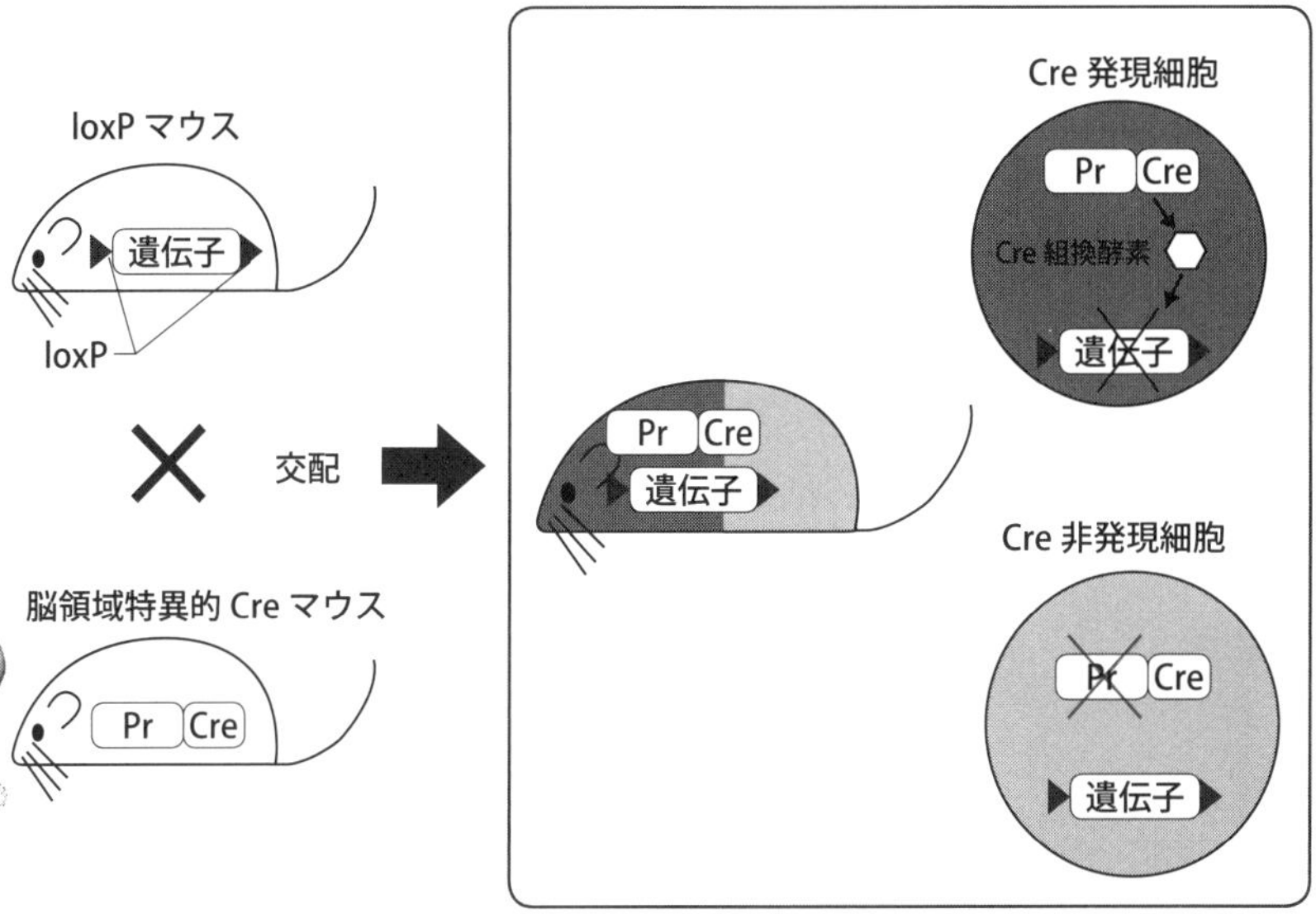

図3．新しい遺伝学技術の例：Cre/loxP 法を用いた大脳皮質特異的遺伝子ノックアウト

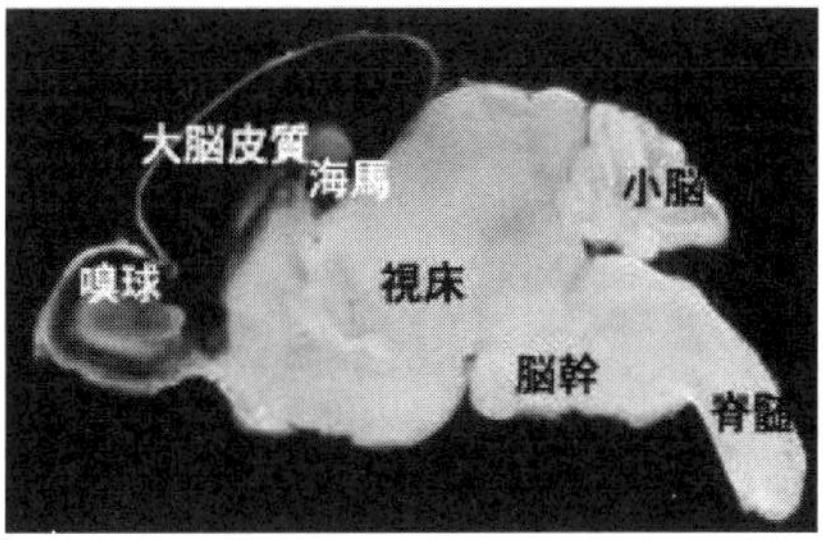

上図は Cre/loxP 法の概略の模式図。この方法を使うためには、2 種類のマウスを作成することが必要です。最初は loxP マウスとよばれるもので、このマウスではノックアウトしたい遺伝子の両側に loxP とよばれる DNA が挿入されています。しかし、この状態では遺伝子は正常に機能します。次は、Cre マウスとよばれるもので、2 個の loxP と反応して間の DNA を切り出すことのできる Cre という酵素が、脳の特定の領域でのみ働くマウスです。この 2 種類のマウスを掛け合わせて両方の遺伝子をもったマウスを作成します。すると、そのマウスの脳では Cre 酵素が働く領域でのみ、loxP で挟まれた遺伝子が染色体から切り出され不活化されます。それ以外の場所では遺伝子は正常なままです。下図はその一例です。遺伝子がノックアウトされている部分が黒くみえる（実際は青く染まっています）工夫をしていますが、遺伝子が大脳皮質、海馬、嗅球でのみノックアウトされていることがわかります。

能となってきています。このことは、周辺技術が革新的な進歩をしていることと関係しています。

たとえば、下村修博士（２００８年ノーベル化学賞受賞）がクラゲから発見した緑色蛍光タンパク質（ＧＦＰ）は、その後さまざまな改良がなされ、神経細胞の形や発火、細胞内の化学反応などを観察するための強力な道具となっています。また、緑藻類や細菌のタンパク質を用いて、ある波長の光を照射したときだけ特定の神経細胞を発火させたり、逆に発火を止めたりすることも可能となってきています。

こうした近年めざましい発展を遂げている遺伝子工学技術を、最先端のマウス遺伝学とうまく組み合わせて、バレル模様の形成を研究することにより、子どもの脳が発達する時に遺伝子が神経ネットワークのどこでどのように働くのか、という全体像を理解することも遠くない将来に可能となると思われます。

なお、現在までに、たとえば神経細胞間のコミュニケーション（神経伝達）に働く化学物質（グルタミン酸やセロトニンなど）や、細胞内の化学反応に働く物質（環状ＡＭＰやカルシウムなど）の、生産や機能に関連する遺伝子がバレル模様の形成において大事な働きをすることがわかってきています。

面白いことに、これらの化学物質や遺伝子は、おとなの脳における学習・記憶でも中心的な役割をになうことが知られているものです。つまり、こうした研究によって、おとなの脳の柔らかさと子どもの脳に特有の柔らかさという質的に異なるものが、仕組みとしては多くの共通点をもつことがわかってきました。

遺伝学のパワーを最大限活用できるマウスのバレル模様の研究は、子どもの脳が発達する仕組みを明らかにすることをつうじて、子どもの教育や発達障害の理解に貢献するはずです。また、それにとどまらず、学習・記憶など成熟したおとなの脳が働く仕組みの理解にもつながるということを期待させます。

第18章

生殖細胞の仕組みの謎

なぜ生殖細胞は減数分裂をおこなうのか？

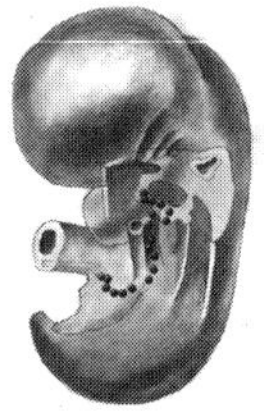

10〜11日胚

筆者：相賀裕美子

「マウスに遺伝子の変異をいれて作製した変異マウスの解析をとおして、組織・器官の形成や生殖細胞の分化に重要な遺伝子の探索とその働きの解明を目指して研究している。」

私たちの体を構成している60兆個ともいわれる細胞、その中でも生殖細胞の役割は明白です。次世代の個体を生み出すための遺伝子の運び屋であり、そのために特別な構造や機能をもっています。

ご存知のように、私たちヒトを含む哺乳類においては、オスとメスで際立って異なった形をもつ特殊な細胞、卵子と精子を生み出しています。これらの生殖細胞は、ほかの体細胞とは発生の初期から異なった運命をたどるわけですが、もっとも異なっていて重要なイベントが減数分裂です。

すなわち、私たちすべての細胞は46本の染色体をもっていますが、生殖細胞の染色体は半分の23本になります。これは受精によって卵子と精子が融合して個体をつくるその仕組みそのものを反映しているわけです。46本のままで卵子や精子になると、受精ごとに染色体が倍加してしまう。そのようなことにならないように、生殖細胞は必ず減数分裂という特殊な細胞分裂をおこなっています。

そのために、どのようなメカニズムが働いているのでしょうか？　実はまだわかっていないことがたくさんあります。さてそれでは、まず生殖細胞の成り立ちから、その特殊な機能に関して順番にみていきましょう。

生殖細胞は体細胞と何が違うのか？——生殖細胞の違いを生み出す仕組み

すべてのはじまりは受精です。卵子と精子が融合して受精卵になります。ここからふたたび生殖細胞を生み出すまでに、いったいどのようなことがおこっているのでしょうか？

実は、生殖細胞をつくる仕組みは動物によって異なっています。同じ脊椎動物でも、カエルや魚などは、生殖細胞をつくるための仕組みを、卵みずからが決めることがわかっています。というのは、すでに卵のなかに特殊なタンパク質や、タンパク質をつくるＲＮＡを貯蔵する構造（生殖質とよびます）があって、その構造を受け取った細胞が生殖細胞になることになっています。これは比較的わかりやすいですね。要するに運命を決める因子が最初から存在するということです（**図1**）。

しかし、私たち哺乳類はまったく異なった仕組みをもっているのです。ヒトやマウスの受精

ハエの生殖細胞がつくられる仕組み

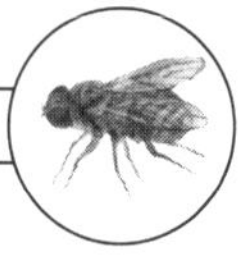

ハエの生殖細胞は、母性因子によって決定されます。

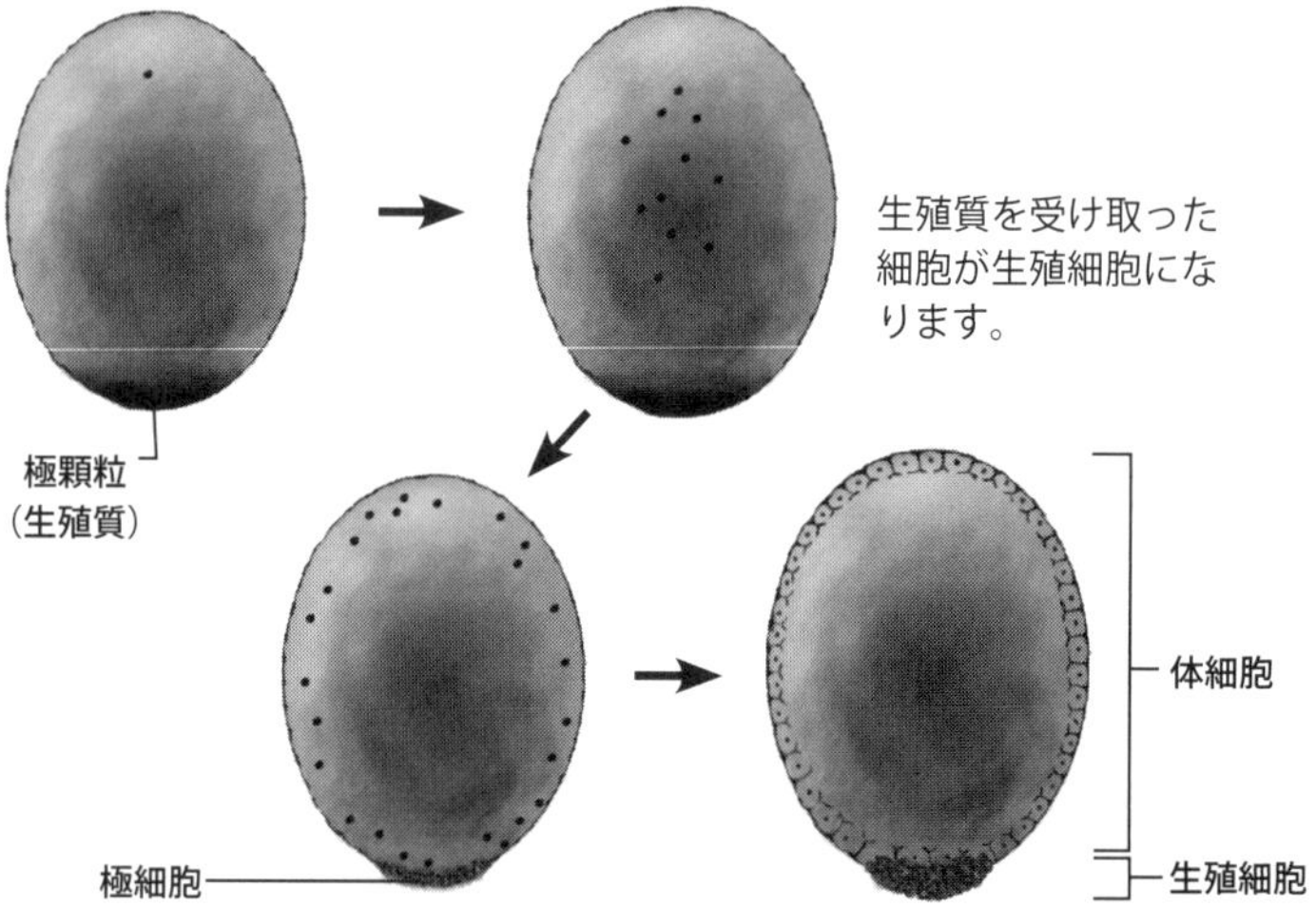

マウスの生殖細胞がつくられる仕組み

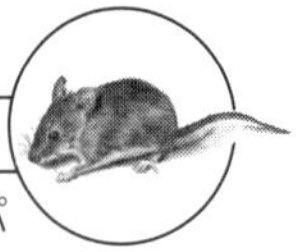

マウスの生殖細胞は、胚体外外胚葉から送られてくるタンパク質（BMP）の誘導によってつくられます。

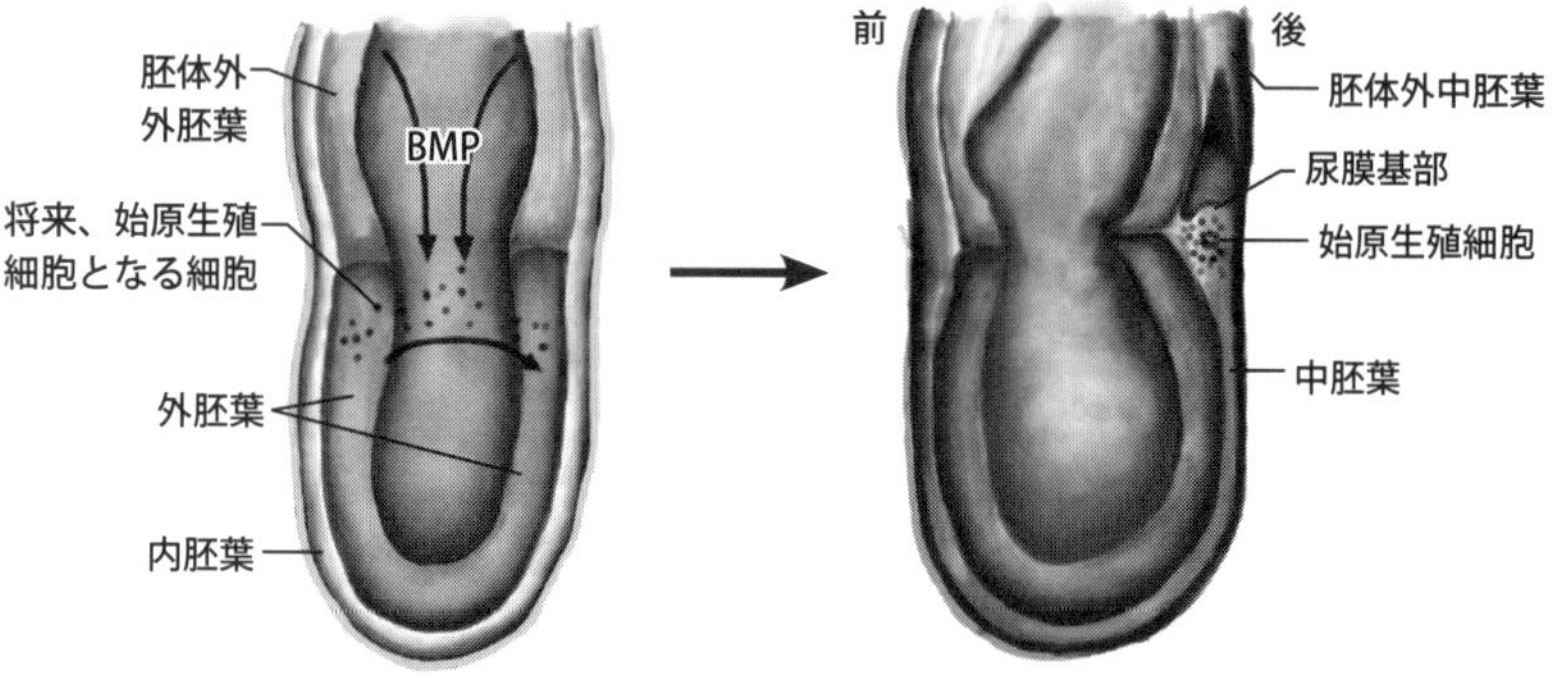

図1．生殖細胞がつくられる仕組み

卵には生殖質なるものはないと考えられています。最初、細胞はまったく同じ性質をもつ細胞として分裂します。そのうち将来、胎盤になる部分と私たちのからだをつくる部分に分かれていきます。しかし、まだどの細胞が生殖細胞になるのかは決まっていません。その決定の時期は、最近、ようやくマウスで明らかにされてきましたが、その仕組みはなかなか複雑です。

まず、胎盤になる細胞からあるシグナルが分泌されて、それを受けた細胞のうち、ある少数の細胞が選ばれて生殖細胞のもとになる細胞、始原生殖細胞になります。この時、いくつの細胞が決定を受けるのかということはまだ明らかにされていませんが、たぶん10個前後だろうと考えられています。しかし一度決定を受けると、それらの細胞は独自の遺伝子発現を開始します。それは、自分を体細胞にさせないような染色体構造や、遺伝子の発現調節機構の確立です。

さて、このようにして少数の細胞が選ばれるのですが、それらが生まれる場所は、実は精巣や卵巣の中ではないのです。生殖細胞はまったく別の場所でつくられ移動して、将来の生殖巣に入っていく必要があるのです。その過程では生殖細胞は腸の壁を伝わったり、壁の中に入って移動します。彼らはまわりの組織の影響を受けないで生殖細胞としての性質を保ちながら、正確に生殖巣へ移動していかなければなりません（**図2**）。このメカニズムに関してもまだわかっていないことがたくさんあります。

生殖細胞はどのようにして、自分と自分以外の体細胞を見分けて、自分のアイデンティティを保ちながら、自ら進む道をみつけるのでしょうか？　これらも今後明らかにされるべき課題

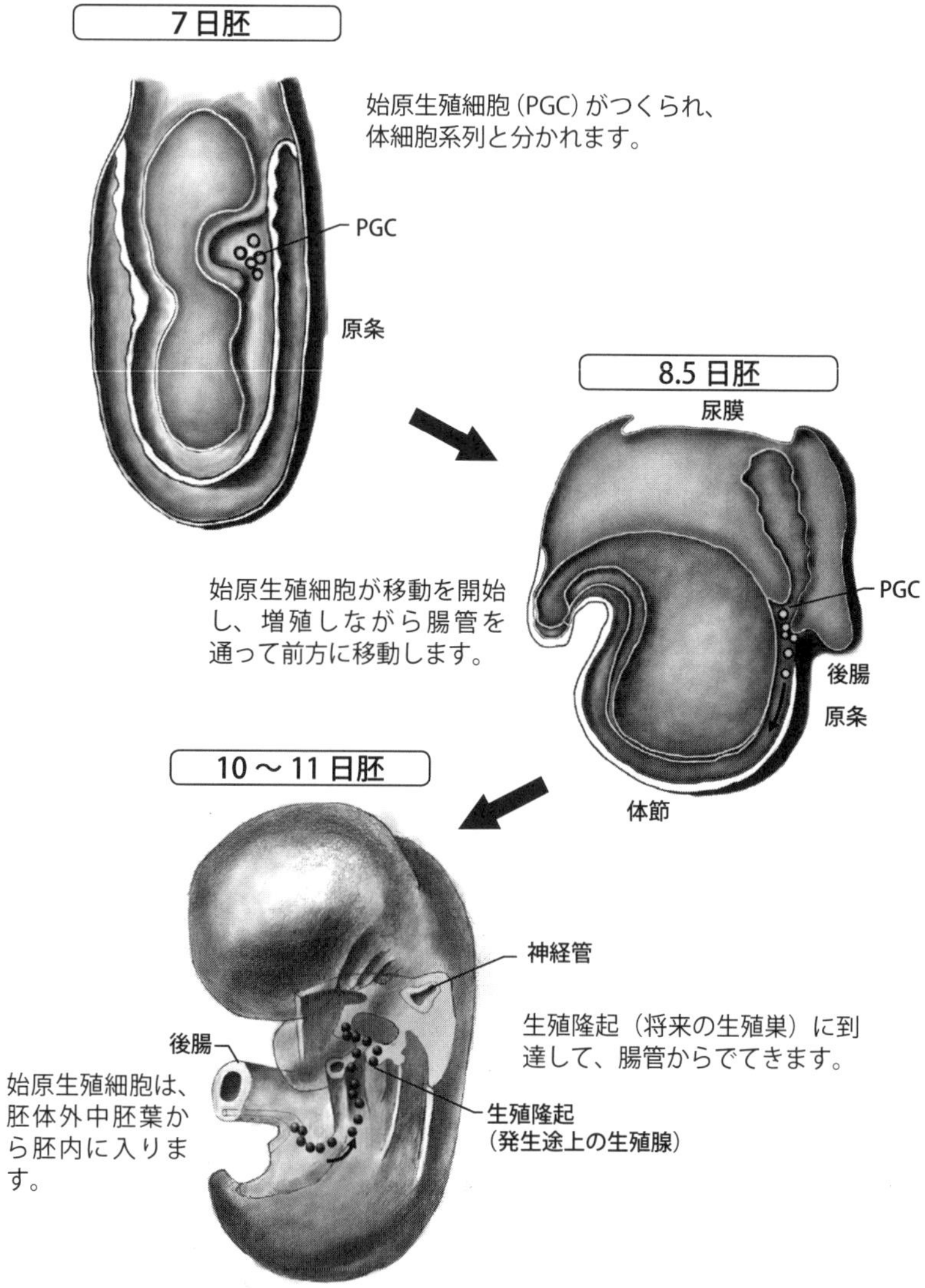
7日胚
始原生殖細胞（PGC）がつくられ、
体細胞系列と分かれます。
PGC
原条
8.5 日胚
尿膜
始原生殖細胞が移動を開始
し、増殖しながら腸管を
通って前方に移動します。
PGC
後腸
原条
体節
10～11 日胚
神経管
生殖隆起（将来の生殖巣）に到
達して、腸管からでてきます。
後腸
始原生殖細胞は、
胚体外中胚葉か
ら胚内に入りま
す。
生殖隆起
（発生途上の生殖腺）

図2．始原生殖細胞が移動する様子

のひとつです。

生殖細胞の性はどのように決まるのか？

さて、ひとたび生殖巣に到達した生殖細胞は、オスの場合はその精巣に、メスの場合は卵巣へ入っていきますが、まだ移動中の生殖細胞は中性で、将来、卵にも精子にもなれる能力をもっています。しかし、ひとたび生殖巣へ入ると、それぞれの運命が決まります。すなわち、生殖細胞が卵になるか精子になるかを決めるのは、生殖細胞自身ではなく、まわりの体細胞なのです（**図3**）。この仕組みも動物によって異なっているのですが、ここでは私たち哺乳類の場合についてお話しましょう。

私たちの性は性染色体の構成で決まっています。オスはＸＹで、メスはＸＸです。すなわちＹ染色体をもっているか否かで私たちの性、すなわち、精巣をつくるか卵巣をつくるかが決まるのです。ここでもっとも重要なのは、Ｙ染色体に乗っている性決定遺伝子（ＳＲＹ）です。この遺伝子が働くことにより、生殖巣が卵巣でなく精巣に分化するのです。ですから、もしオスでもこの遺伝子の働きを抑えれば卵巣ができてしまうし、メスで強制的にＳＲＹ遺伝子を働かせると精巣ができてしまいます。そして、その中に入ってくる生殖細胞の性も体細胞にしたがって変更されるのです。そういう意味では生殖細胞の性決定はみずからおこなうのでなく、

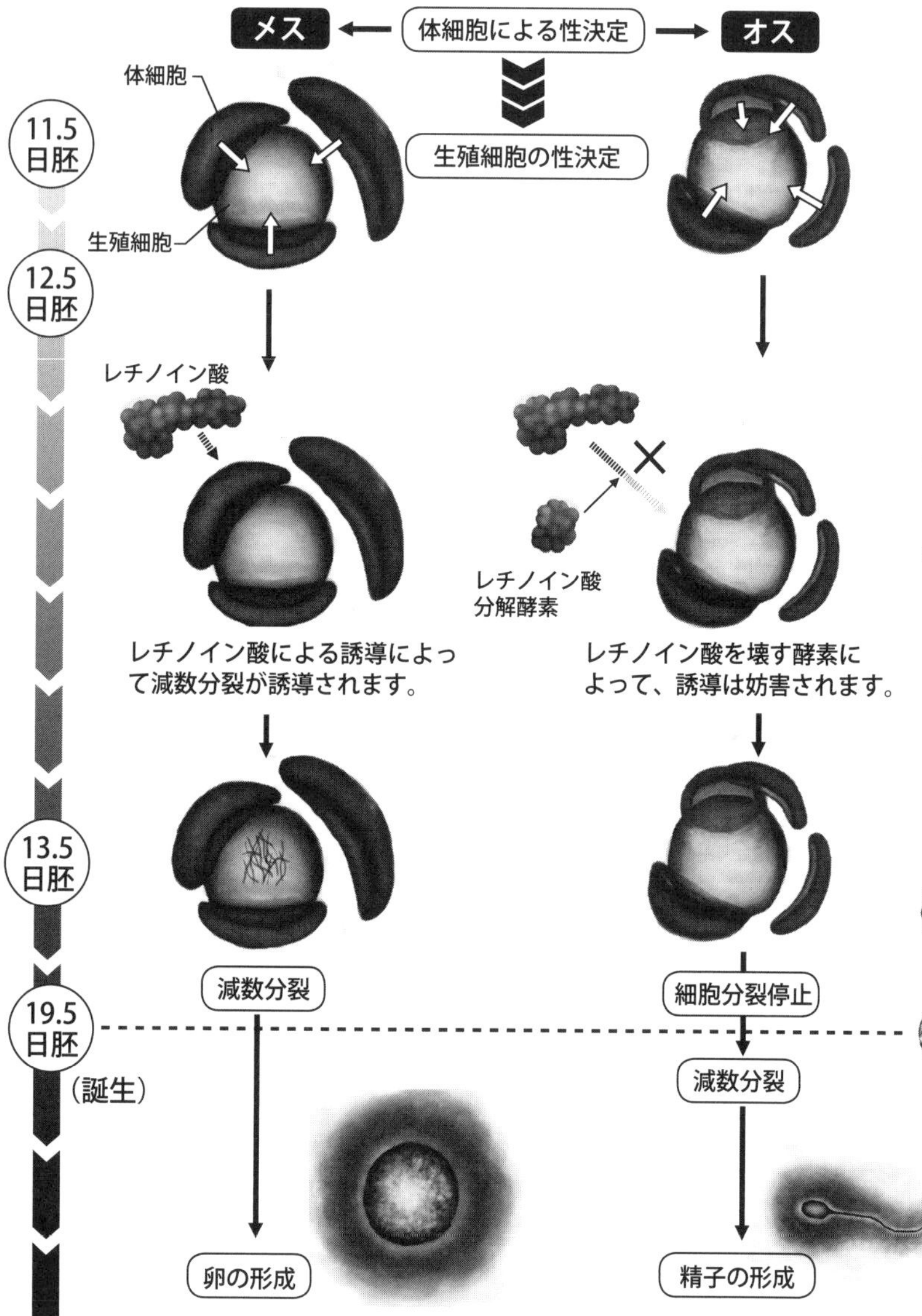

図３．生殖細胞が性決定され減数分裂に移る仕組み

誘導によってきまります。

さて、その誘導因子とは何でしょう？　これはずっと大きな謎でしたが、最近その謎は解かれました。ビタミンAからつくられるレチノイン酸という分子であることが明らかにされたのです。オスでもレチノイン酸はつくられるのですが、オスには特異的にレチノイン酸を壊す酵素がつくられて、その結果、誘導がかからないということもわかってきています。

オスとメスの生殖細胞の違い

生殖巣に入った生殖細胞は、オスとメスでは劇的に異なったことがおこります。オスになることが決まった生殖細胞は、ただちに細胞分裂を停止して、分裂を再開するのは個体が誕生してしばらくたってからです。ですから、見かけ上は休眠状態になるわけです。そして、生後、細胞分裂が再開され、しばらくたつと、オスの生殖細胞は減数分裂を開始します。このとき、選ばれし細胞が精子幹細胞になって、一生精子細胞を生みだすことになります。

さて、オスの場合の減数分裂の引き金は何でしょう？　実はまだ完全に証明はされていませんが、やはり、メスと同様にレチノイン酸が関係しているようです。というのは、レチノイン酸をつくるもとになるビタミンDを欠いた餌《えさ》で飼育したマウスは、精子の形成が完全に停止し、減数分裂に入れない精子幹細胞が増えてしまうのです。そして、レチノイン酸を投与すると、正常な精子形成が再開され、減数分裂も再開されます。しかし、精子形成と減数分裂両方ともレチノイン酸によって誘導されるのかどうかは、まだよくわかっていません。どうももっと複雑なメカニズムがあるようです。

一方、メスの生殖細胞は生まれる前に、メスに運命づけられると、それらの細胞は直ちに減数分裂の準備に入ります。すなわち、染色体を複製して、その相同染色体どうしが対合した特徴的な構造（シナプトネマ構造）を形成します。しかしその状態で減数分裂は停止し、染色体構造としては4倍体のままで、個体は誕生します。その後、ホルモン刺激がきて卵子の形成が始まるまで、基本的に細胞分裂はおこりません。

減数分裂の仕組み

減数分裂の仕組みについて、わかっていることを整理しておきましょう。

私たちの染色体は、性染色体以外の常染色体はすべて、2本ずつあります。母親と父親から由来しているからです。ですから生殖細胞はふたたび、これらを分ける必要があります。ふつうの細胞分裂では、単にすべての染色体が複製して、これが細胞の真ん中に一列に並んで、ふたつの娘細胞に分配されるのですが、減数分裂の時は、染色体が1列でなく、2列に並びます。すなわち、同じ染色体どうしがペアになるのです（これを対合とよびます）。

そして、減数分裂の時にだけつくられるタンパク質で、強固な構造をつくります。その構造のもとでもっとも重要なイベント、染色体の組み換えをおこします。これによって、母由来の染色体と父由来の染色体のキメラ染色体がつくられるのです。なお、キメラとは、染色体が相同組み換えによって、母からの染色体と父からの染色体が同一染色体上でまだらになった状態をいいます。いい換えれば、キメラは、同一個体に異なった遺伝情報をもつ細胞が、モザイク状にまざった個体のことを意味します。

ここでまったく新しい構成をもつ染色体が生まれることになるのです。これが私たちの形や、性質の多様性を生み出す元になります。

減数分裂を引きおこす仕組み

さて、この減数分裂が生殖細胞にとってもっとも重要なイベントであることは明白ですが、なぜ細胞は減数分裂を開始するのでしょうか？　その引き金を引くのは何なのでしょうか？　この開始の仕組みも、それぞれの種によっていろいろ変わっているようです。

その引き金についてもっともよくわかっているのは、非常に単純な単細胞である酵母菌です。酵母にも実は性があるのです。しかし私たちともっとも異なるのは、それらが半数体として、通常の細胞分裂をくり返し生活しているということです。つまり、精子は精子として、卵は卵として分裂しつづけることができると考えるとわかりやすいですね。それらがたまたまであうと一緒になって2倍体をつくって、今度は2倍体として通常に分裂して生活します。

しかし、ある時、細胞は減数分裂を開始します。その引き金を引くのは栄養状態です。細胞は飢餓状態に陥ると、分裂のモードを変更して減数分裂を開始することがわかっています。そして、そのまま休眠状態に入ります。ふたたび栄養状態がよくなると、半数体として生活を始めるのです。この減数分裂の引き金に関して、先に哺乳類ではレチノイン酸だといいました。

しかし、レチノイン酸は体中のいたるところにありますが、体細胞は決して減数分裂を開始したりしません。では、生殖細胞で減数分裂はいつ、どのような条件でおこるようにプログラムされているのでしょう？　またオスとメスではいったい何が異なってオスでは精子をメスでは卵をつくるのでしょうか？　そこには環境と生殖細胞との相互作用が非常に重要です。環境が整わないと減数分裂に入らない？　これは酵母の場合と似ていますね。

卵の謎

最後に大きな謎についてお話ししましょう。精子をつくるおおもとになる幹細胞は、減数分裂に入る前にいくらでも増えることができます。ですからオスは、一生精子をつくりつづけることができます。しかし、メスの場合は生まれる前にすべての生殖細胞が減数分裂に入ってしまい、その後、分裂して増えることはない、と考えられていました。

すなわち、卵の幹細胞はメスの個体には存在しないというのが定説でした。しかし最近、卵にもまだ幹細胞が残っているのではないかという研究結果が発表されています。つまり、卵巣の生殖細胞は全てが減数分裂に入っているわけでなく、まだ幹細胞として残っている細胞がいるという可能性が示されています。

また、もっと興味深いのは、ほかの組織の幹細胞が卵巣に入って生殖細胞になることができる可能性です。実際、いろいろな組織から幹細胞が発見されており、さらにそれらの細胞はもっと未分化な状態に比較的簡単に戻ることができるということが最近証明されています。いわゆるｉＰＳ細胞の誘導です。体細胞が未分化細胞に戻ることができれば、そこから生殖細胞がうまれても不思議ではありません。この可能性は非常に魅力的です。つまり、卵をつくることができるかもしれないということです。

現在不妊に悩んでいる人は大勢いますし、女性は年をとると卵が古くなっていきます。これらを打開することができるかもしれません。しかしその可能性を検討するには、まだいくつもこえなければならない問題があるのも確かです。

第19章

生殖系幹細胞の謎

なぜ生殖系幹細胞は分化万能性を獲得できるのか？

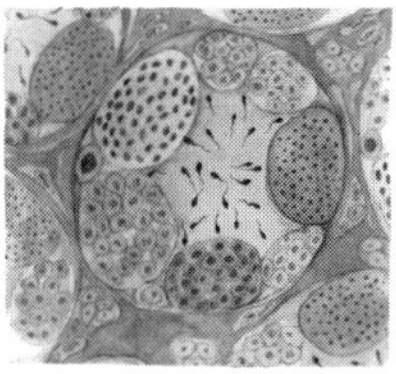
マウスの精巣

筆者：酒井則良

「遺伝学のモデル生物であるゼブラフィッシュを用いて、オス生殖細胞をもとにした遺伝子改変技術の開発と、脊椎動物に普遍的な精子形成の制御機構の研究を進めている。」

テラトーマ

手塚治虫の「ブラックジャック」には、少し奇妙な生まれ方をしたピノコという女の子が登場します。ある日、おなかの中に畸形嚢腫《きけいのうしゅ》という腫瘍ができた女性が、ブラックジャックのところに運び込まれます。この畸形嚢腫にはヒトの体ひとつぶんの組織があり、ブラックジャックはそれらを摘出し、つなぎ合わせてピノコを組み立てたのです。

ちょっとありえそうにない話ですが、実際に、これに似た変な腫瘍《しゅよう》が卵巣や精巣にみつかることは古くから知られていました。「テラトーマ（teratoma）」とよばれる腫瘍です。terasはギリシャ語で怪物を、

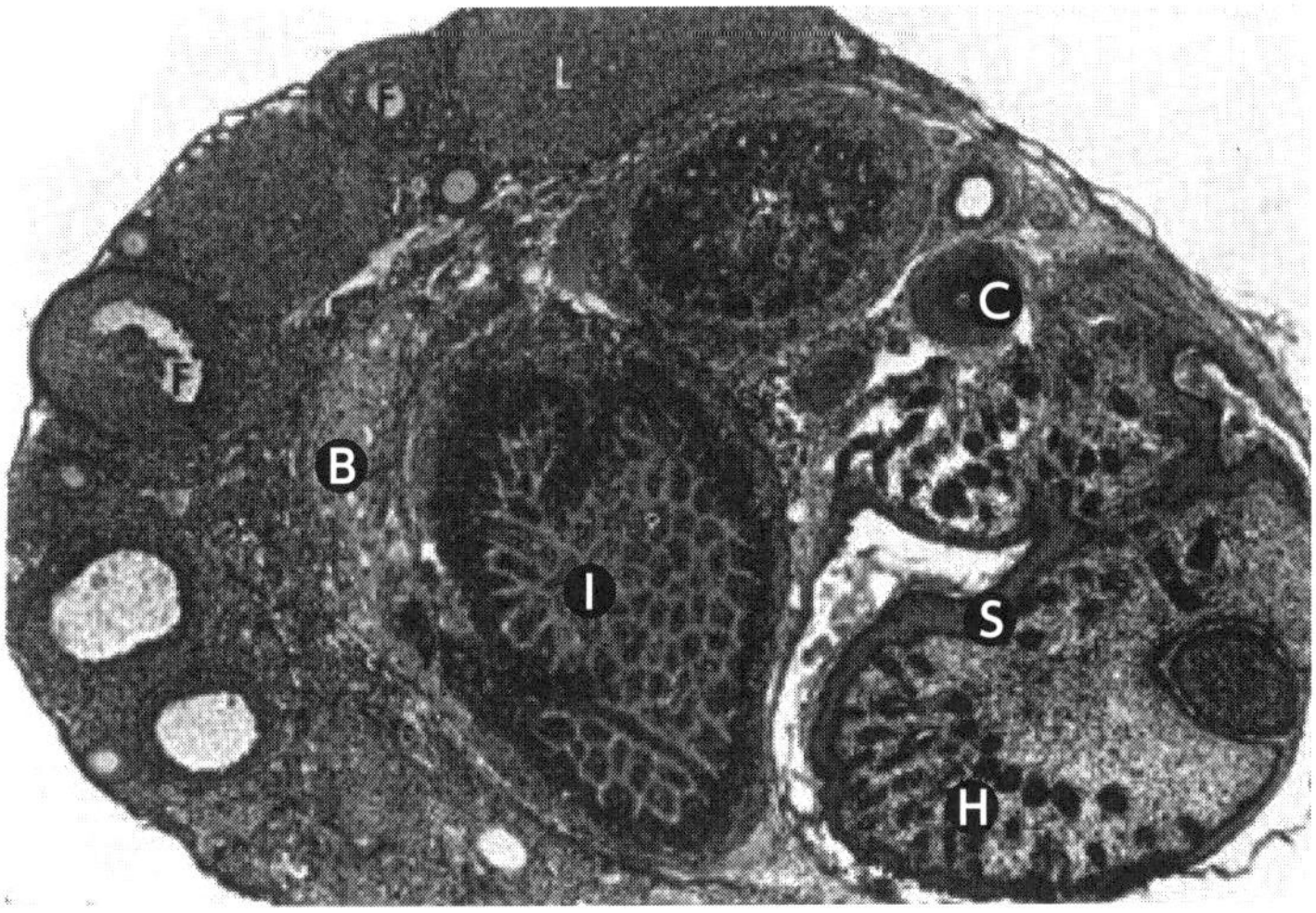

図1．マウスの卵巣性テラトーマ　腸（I）、骨（B）、軟骨（C）、毛（H）、皮膚（S）が認められます。野口武彦・村松喬編『マウスのテラトーマ　EC細胞による哺乳動物の実験発生学』理工学社、1987年より

omaは腫瘍を意味します。通常の腫瘍は比較的単純な細胞の塊ですが、テラトーマには外胚葉、内胚葉、中胚葉の細胞がすべて含まれていて、ときに骨や歯、髪の毛のような分化した組織がみつかるため（**図1**）、この名前がつけられたといわれています。

ストレス説を提唱したハンス・セリエ博士は、テラトーマに対する驚きを「それは人間の知識を並べた図面からとび離れた不思議な島のようである。おそらく時期がたって、受胎について、受精のない生殖について、さらに人体の構造の形成を促す組織化因子について、私たちがもっと知識を得た時、〝悪魔の子〟は自然を解決するための案内役を務めるエンゼルとなるであろう。」と述べています（野口武彦・村松喬編『マウスのテラトーマ　ＥＣ細胞による哺乳動物の実験発生学』理工学社、1987年より)。

セリエ博士は、イモリのオーガナイザーの研究で有名なハンス・シュペーマン博士よりも少し後の時代の人で、正常な初期発生でおこる胚葉形成と、このテラトーマによる胚葉形成を重ねてみていたのかもしれません。

「ブラックジャック」の中の畸形嚢腫は、本来は双子の一人になるはずの胚が、何らかの要因でもうひとつの胚の中に残ったものと説明されているのですが、実際のテラトーマの起源については、長らく医学上の大きな謎のひとつでした。

テラトーマは生殖細胞に由来する

はじめに、簡単に私たちの体がどのように形づくられてくるかみてみましょう。すべてはひとつの受精卵から始まります。受精卵が卵割を重ねて細胞数を増やし、さまざまな細胞種へと分化します。哺乳類では発生が子宮内で進むため、発生初期に胎盤となって胚発生をサポートする細胞集団と、胚をつくる細胞集団に分かれます。この時点で、胚をつくる細胞は、将来どの細胞種にも分化できる多能性幹細胞です。

その後、胚をつくる細胞は外胚葉、中胚葉、内胚葉の三つの胚葉に分化し、ほぼ同じ時期に卵や精子になる生殖細胞も分化します。そして、外胚葉からは、体の外側に位置する表皮や神

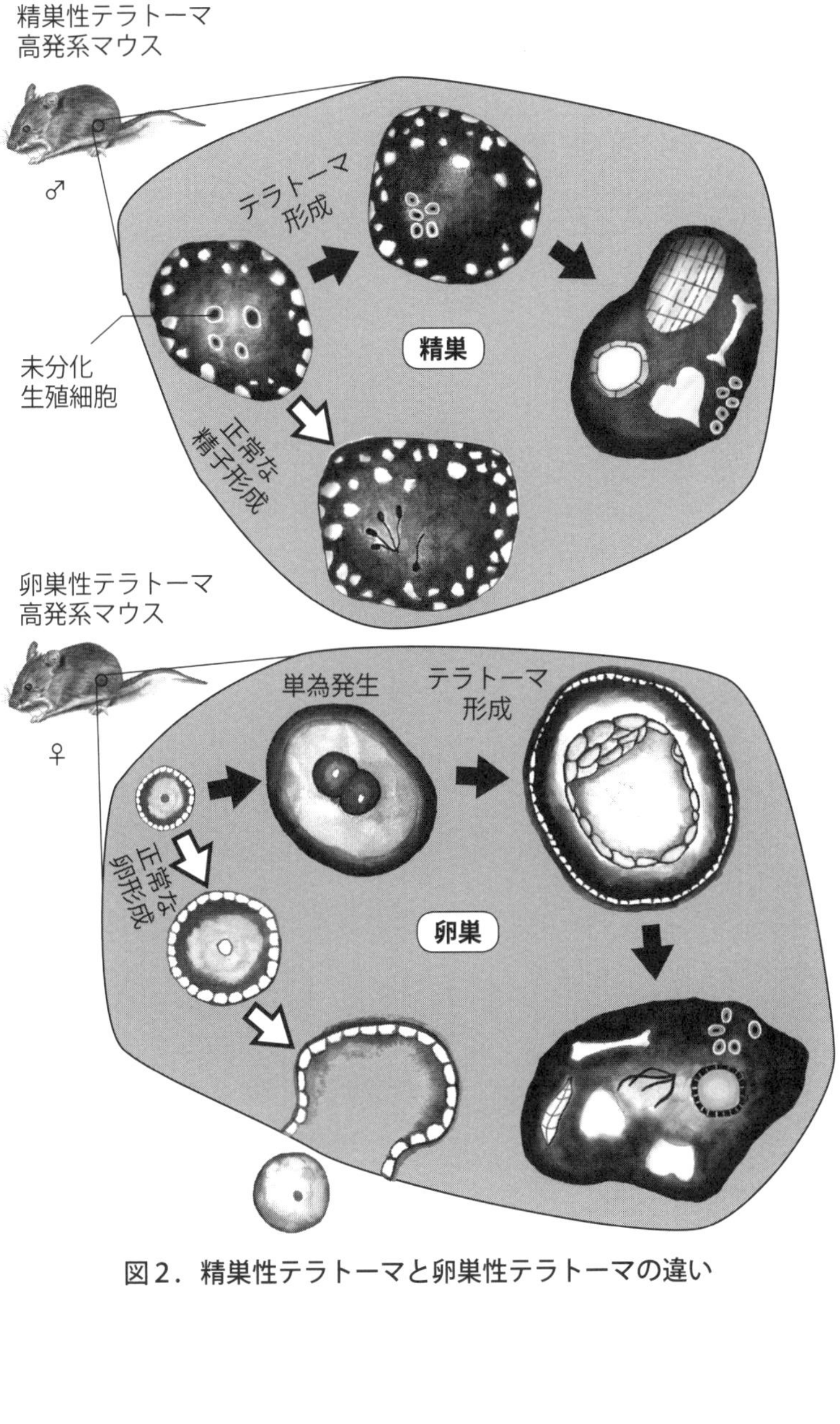

図2．精巣性テラトーマと卵巣性テラトーマの違い

経系など、中胚葉からは筋肉や骨、血球など、内胚葉からは消化管や肺などが分化します。

テラトーマに3つの胚葉がすべて認められるということは、そのもとになった細胞が多能性をもっていたと予想されます。では、その細胞は一体何なのでしょうか？　その謎の一端は、高頻度でテラトーマを発症するマウス系統から解き明かされました。

今から50年以上前に、アメリカのレロイ・スティーブンス博士は、精巣においてテラトーマを高頻度に生ずる系統を樹立し、この系統を用いてテラトーマの発症機構の解析をおこないました。通常、胎児期の精巣では、精子のもとになる未分化な生殖細胞がいったん細胞分裂を停止し、出生後に細胞分裂を再開します。ところが、この系統ではまれに停止せずに、増殖をつづける細胞があらわれて、それがテラトーマになることを発見しました。

その後、スティーブンス博士は、卵巣でテラトーマを高率に発生する別の系統の樹立にも成功し、卵巣と精巣ではテラトーマのでき方に違いがあることもみつけました。胎児期の卵巣で生殖細胞は減数分裂を開始し、出生時には卵母細胞まで発達します。通常、卵母細胞は減数分裂を停止したまま性成熟にいたりますが、この系統では卵母細胞が何らかの理由で、あたかも単為発生したかのごとく発生してしまい、それがテラトーマになることがわかりました。

すなわち、卵巣では、卵が発生して胚に似た細胞集団（双子の一人の胚に近いものともみれます）がテラトーマになりますが、精巣の場合は、未分化な生殖細胞そのものが異常増殖してテラトーマになったといえます（**図2**）。

テラトーマからＥＣ細胞、そしてＥＳ細胞へ

その後、テラトーマは、セリエ博士が予言したように、まさに自然を解決するためのエンゼルとなります。

テラトーマは分化した組織塊とそれらを供給する幹細胞からなりますが、この幹細胞が増殖しつづける場合があります。増殖をつづけるため、その細胞を取り出して別のマウスへ移植すると、その個体でテラトーマをつくります。増殖をつづけるこうしたテラトーマは、悪性のテラトカルシノーマとよばれます。

テラトーマ発症機構を研究する過程で、マウスの初期胚を精巣や腎臓に移植すると高率でテラトーマを発生すること、初期胚の未分化細胞が増殖してテラトカルシノーマの幹細胞になることがわかりました。卵巣で卵母細胞の単為発生から生じるテラトーマと同じようなことが、初期胚の細胞でもおこったものと考えられます。

増殖をつづける不死化した細胞は、体外で培養しつづけることが容易になります。そこで、テラトカルシノーマの幹細胞を培養する研究が進められて、胚性がん腫細胞（ＥＣ細胞）が樹立されました。ＥＣ細胞は初期胚の多能性幹細胞とよく似た性質をもっていて、初期胚へ移植するとさまざまな細胞へと分化し、初期胚の細胞と培養した細胞が混ざったひとつの個体、い

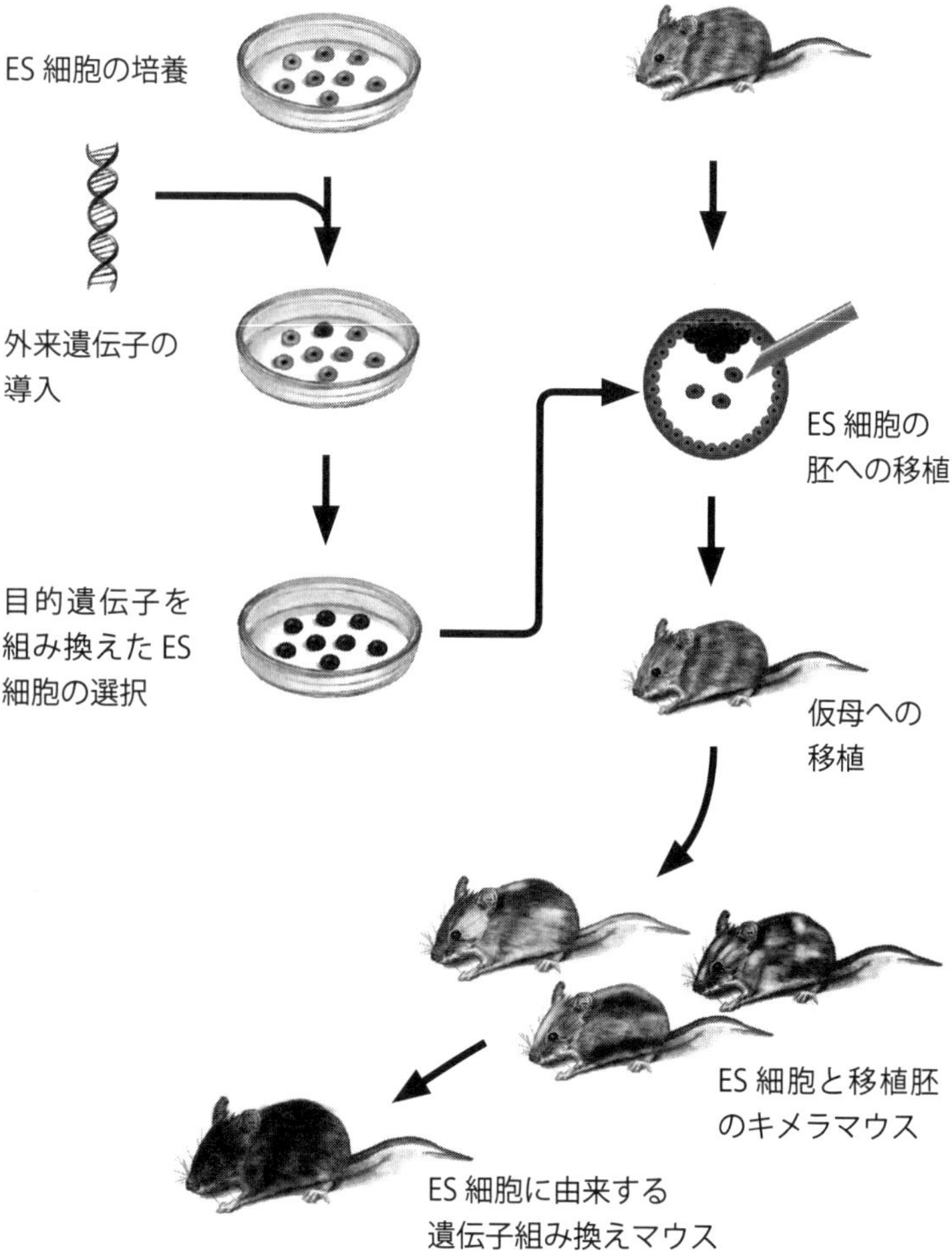

図 3．ES 細胞を使ったリバースジェネティクス

わゆるキメラマウスができることもわかりました。ただ、このＥＣ細胞はがん化した細胞に由来することが欠点でした。

そこで、がん化を介さずにマウスの初期胚から直接、多能性幹細胞を培養する研究が進められ、胚性幹細胞（ＥＳ細胞）が樹立されました。このＥＳ細胞は多能性を保持していて、キメラマウスを作成した場合、生殖細胞にも分化しました。これにより、培養過程でＥＳ細胞に遺伝子操作を施した後、改変した遺伝情報をもつ子孫をキメラマウスを介して作出することが可能になったのです。

これがリバースジェネティクスとよばれる方法で（**図3**）、現代の遺伝子研究にはなくてはならない方法になっています。２００７年のノーベル医学生理学賞は、ＥＳ細胞を用いた標的遺伝子改変技術の発見に対して贈られ、ＥＳ細胞の樹立をおこなったマーチン・エバンス博士も受賞者の一人としてその栄誉を受けました。

さらに、ＥＳ細胞がもつ多能性の研究から、四つの因子（山中因子：Oct3/4, Sox2, c-Myc, Klf4）によって人工多能性幹細胞（ｉＰＳ細胞）を誘導できることが発見され、その功績により２０１２年のノーベル医学生理学賞は、山中伸弥《やまなかしんや》博士（京都大学）に贈られました。

EG細胞とmGS細胞

一方、精巣におけるテラトーマの発症機構から、生殖細胞そのものが3つの胚葉に分化する細胞になることが示されています。ほんとうに生殖細胞は、多能性をもつ細胞になりうるのでしょうか？

生殖細胞への運命決定が、個体発生の非常に早い段階、例えばマウスならば前述の3つの胚葉ができる頃とほぼ同じ頃におこることは先に述べました。この運命決定は、生殖巣ができる場所とは離れた場所でおこり、生殖細胞はそこから生殖巣まで移動します。この頃の生殖細胞は始原生殖細胞とよばれ、将来、卵か精子にのみ分化することが運命づけられています。松居《まつい》靖久《やすひさ》博士（東北大学）は、この始原生殖細胞をES細胞の培養法と似た条件で培養すると、多能性をもつ細胞があらわれることを発見し、この細胞を胚性生殖細胞（EG細胞）と名づけました（**図4**）。実際、EG細胞をマウスの初期胚に移植すると、ES細胞の場合と同様にキメラマウスができました。培養環境下で何らかの変化がおこり、生殖細胞に分化する前の初期胚の幹細胞に近い状態に戻ったと推測されます。

始原生殖細胞は精巣に到達した後、さらに分化して精子への運命決定を受けた生殖幹細胞（精原幹細胞ともよびます）になります。この生殖幹細胞の自己再生と精子へ分化する細胞の産生により、オスでは生涯にわたって精子形成が維持されます。

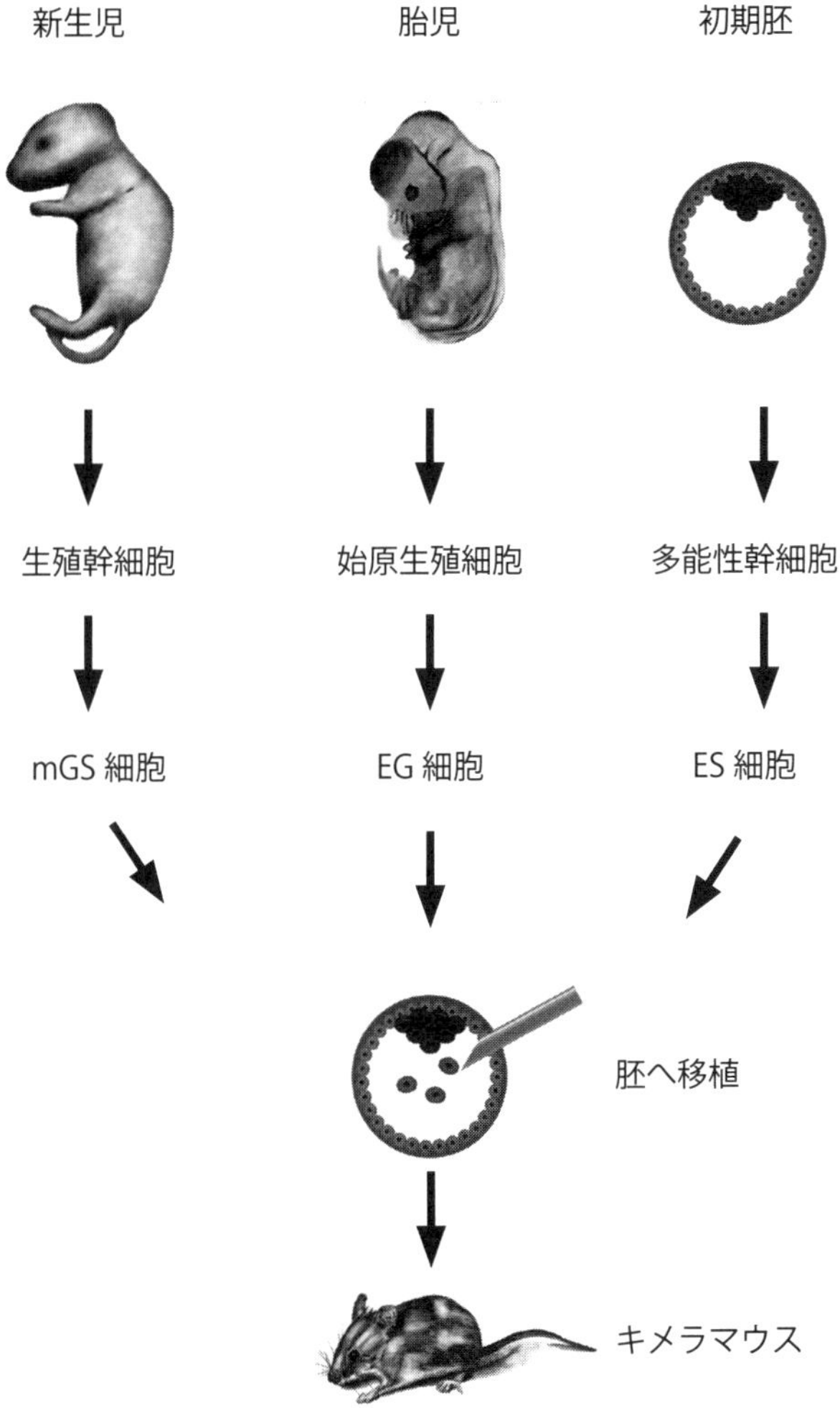

図4．初期胚や生殖細胞から樹立される多能性幹細胞株

篠原隆司《しのはらたかし》博士（京都大学）は、マウス新生児の生殖幹細胞を培養すると、その中にES細胞に似た細胞が出現してくることに気づき、それをマウス初期胚に移植したところ、多能性を示し、キメラマウスになることを発見しました。この細胞は、精子になるはずの生殖幹細胞が多能性をもったということで、多能性生殖幹細胞（mGS細胞）と名づけられました（**図4**）。そして最近、別の研究グループから、マウス成体の精巣から取り出した生殖幹細胞からも多能性幹細胞が出現してくることが報告されています。

精巣でテラトーマができる時や細胞を培養した状態では、生殖細胞は増殖する方向に向かっています。どうやら、始原生殖細胞や生殖幹細胞のような未分化な生殖細胞には、増殖する過程で多能性の幹細胞を生み出しやすい性質があるようです。その原因のひとつとして、最近、培養した生殖幹細胞において先に述べた四つの山中因子の遺伝子発現が上昇することがみつかっています。

皮膚組織の繊維芽細胞をiPS細胞に誘導する際には、それらの遺伝子を導入して強制的に発現させる必要がありますが、培養下の生殖細胞では、それらの遺伝子が自律的に発現するようになり、その作用のもと多能性幹細胞に変わってしまうと考えられます。

生殖細胞が示す分化万能性の謎

生殖細胞は最終的に卵か精子へと分化し、受精後、全能性をもつ受精卵、卵割を経て多能性幹細胞、そして再び生殖細胞へと運命をたどります。そこで、生殖細胞が生殖細胞として機能することと、多能性幹細胞になりやすい機構に何らかの理由があるのだろうか、あるとすれば、それは細胞内のどんな機構によるのだろうか、という新たな謎が浮かび上がってきます。

これまでのテラトーマや生殖細胞の培養系の例は哺乳類の実験的証拠ですが、もし生殖細胞に多能性幹細胞になりやすい性質が付随しているのであれば、他の生物でも同様の現象がみつかるはずです。同じ脊椎動物でも、魚類やカエルでは、生殖細胞の発生の仕方が哺乳類とは異なることが知られています。

これらの生物では、生殖細胞を特徴づける特定の細胞質が受精卵に蓄えられていて、卵割過程で、その細胞質を受け取るか受け取らないかで、生殖細胞か体の組織となる体細胞への運命が決まります。したがって、体細胞にも生殖細胞にも分化する多能性は、受精卵のごく初期の割球のみがもっているにすぎません。こうした異なる発生過程をたどる生殖細胞を用いて、生殖細胞や初期の割球、さらには培養した生殖幹細胞などがもつ特徴を調べることで、その謎の一端が垣間みえるかもしれません。

私たちが研究に使っている小型の熱帯魚ゼブラフィッシュでは、まれにがん化した精巣はみつかりますし、生殖幹細胞を培養する技術も確立できています。今のところ、がん化した精巣に骨があったり鱗《うろこ》があったりということは観察できていませんが、正常な精巣とがん化精巣において、生殖幹細胞に違いがあるか詳細にみてみる必要があるでしょう。培養過程で、この魚の生殖幹細胞におこる変化を詳細に解析することも可能です。

こうした研究から、生殖細胞が生殖細胞として機能するために必要な特性と多能性幹細胞に変化する性質が、付随するものなのか切り離せるものなのか、明らかになってくるものと期待されます。

あとがき

私たちの身のまわりは謎に満ちています。そして一番大きな謎は、なんといっても私たち自身の存在ではないかと思いますが、皆さんはどう思いますか？

――「自分はなんなのか、なぜここにいるのか？」

私は現在50才で、すでに老化（？）が始まっていますが、50年前は間違いなく赤ちゃんでした。そのときの記憶は残念なことにまったくないのであくまで想像ですが、オッギャーと生まれたそのときに、「ここはどこ？　私はだれ？」と思ったに違いありません。

同時にそのとき、まわりにいた大人たち、お医者さん、看護師さん、そしてだっこしておっぱいを飲ませてくれた母親は、その答えをきっと知っていると思ったに違いありません（これも想像ですが）。この疑問は私だけではなく、きっと皆さんも同じように思ったに違いありません。どうでしょうか？

成長して10代になり、まわりをすこし見渡せるようになると、実は誰もこの疑問に対する答えを知らないということに気づいたわけです。結構ショックでした（これは本当）。以来、私の場合はさまざまなことに疑問を抱き、結局研究の道に進みましたが、その根底には最初の疑問、「人間とは、自分とは一体なんなのか?」があると思います。

この本では、19の〈謎〉を取り上げ、国立遺伝学研究所の研究者が、その〈謎〉と〈謎解き〉のもつ魅力を紹介しています。結局のところすべての〈謎〉は、私が、そしておそらく皆さんも、生まれたときに思った疑問、「人間とは、自分とはなにか?」につながっているように思います。

この〈謎解き〉は簡単ではありません。ただ少しずつですが、着々と答えに向かっていると感じています。なぜなら、遺伝子の正体がＤＮＡであるとわかったのはたったの62年前ですが、ご存知のように、現在ではヒトの全ＤＮＡ配列が解読され、ｉＰＳ細胞をつかって再生医療をおこなおうとしている段階にまでいたっているからです。すごい進歩ですね。この勢いをもってすれば、近い将来、「人間とはなにか」という疑問に答えられる日が、必ずやってくると思います。本当に楽しみです。

本書は多くの方々のご支援、ご協力により作成されました。国立遺伝学研究所60周年記念事業実行委員会、五條堀孝委員長の音頭のもと本企画がスタートし、広報室の鈴木睦昭室長が中心となって作成作業が進められました。サイエンスライターの寺坂厚子さんには、個々の原稿についていて多くのアドバイスを頂きました。小原雄治前国立遺伝学研究所所長には、物心ともにサポートして頂きました。そして出版を引き受けてくださった悠書館ならびにご担当の岩井峰人さんには、発刊に向けて御世話になりました。皆様にあつくお礼申し上げます。

２０１４年5月

小林武彦

執筆者を代表して

【な行】

【は行】

【ま行】

【ら行】

【さ行】

【た行】

索引

◉第 14 章
前島一博　まえしま　かずひろ　国立遺伝学研究所・生体高分子研究室・教授。文中にも書いたように、全長 2m にもおよぶヒトゲノム DNA が細胞のなかにどのように収納され、どのように遺伝情報が読み出されるのか？　を明らかにしたい。

◉第 15 章
木村　暁　きむら　あかつき　国立遺伝学研究所・細胞建築研究室・准教授。細胞内で空間配置がダイナミックに変化する仕組みを、顕微鏡観察やコンピュータ・シミュレーションを駆使して明らかにする「細胞建築学」に取り組んでいる。

◉第 16 章
榎本和生　えもと　かずお　国立遺伝学研究所・神経形態研究室をへて、東京大学大学院・理学系研究科・生物科学専攻・教授。個性を生み出す脳神経ネットワークの構築原理と作動原理の理解に取り組んでいる。

◉第 17 章
岩里琢治　いわさと　たくじ　国立遺伝学研究所・形質遺伝研究部門・教授。哺乳類の脳の神経回路が形成され機能する仕組みを、遺伝子から個体レベルまで包括的に理解することを目指し、マウスを用いて研究している。生まれてから環境の影響をうけて神経回路が成熟する過程に特に興味をもっている。

◉第 18 章
相賀裕美子　さが　ゆみこ　国立遺伝学研究所・発生工学研究室・教授。マウスに遺伝子の変異をいれて作製した変異マウスの解析をとおして、組織・器官の形成や生殖細胞の分化に重要な遺伝子の探索とその働きの解明を目指して研究している。

◉第 19 章
酒井則良　さかい　のりよし　国立遺伝学研究所・小型魚類開発研究室・准教授。遺伝学のモデル生物であるゼブラフィッシュを用いて、オス生殖細胞をもとにした遺伝子改変技術の開発と、脊椎動物に普遍的な精子形成の制御機構の研究を進めている。

◉第７章

高橋　文　たかはし　あや　国立遺伝学研究所・集団遺伝研究部門をへて、現在、首都大学東京・生命科学専攻・准教授。専門は進化遺伝学。生物のさまざまな形質やDNA塩基配列がどのように進化してきたのかを、遺伝学の実験や、コンピュータによる解析により明らかにしていく研究を進めている。

◉第８章

隅山健太　すみやま　けんた　国立遺伝学研究所・集団遺伝研究部門をへて、独立行政法人理化学研究所・生命システム研究センター・細胞デザインコア・高速ゲノム変異マウス作製支援ユニット・ユニットリーダー。個体ゲノム直接編集技術によってゲノム発現調節機能を解析し、生物の多様性が生じる機構の解明を目指す。

◉第９章

荒木弘之　あらき　ひろゆき　国立遺伝学研究所・微生物遺伝研究部門・教授。出芽酵母（パン酵母）を材料に、染色体DNAが細胞分裂周期と調和して倍加していく機構（複製機構）を研究している。

◉第10章

伊藤　啓　いとう　けい　国立遺伝学研究所・構造遺伝学研究センター・助教。形は機能を表わす——遺伝情報が受け継がれ生物現象として現れる仕組みについて、分子機械タンパク質が持つ形と機能との関係を明らかにすることで迫ろうとしている。

◉第11章

小出　剛　こいで　つよし　国立遺伝学研究所・マウス開発研究室・准教授。ありふれた行動にかかわる遺伝的基盤を理解することを目的として、行動遺伝学を進めている。特に、野生由来マウスと愛玩用マウスの行動の違いにかかわる遺伝子の解明を目指している。

◉第12章

小林武彦　こばやし　たけひこ　国立遺伝学研究所・細胞遺伝研究部門・教授。個体は老いるのに、なぜ子孫は若返るのか？　地球誕生以来、38億年の生命の連続性を支える「ゲノムを再生する能力」を研究している。

◉第13章

深川竜郎　ふかがわ　たつお　国立遺伝学研究所・分子遺伝研究部門・教授。生命の設計図を含む染色体が、どのように次世代の細胞へ伝達されていくのかというメカニズムの解明に興味をもって研究を進めている。

執筆者紹介

◉第 1 章

高野敏行　たかの　としゆき　国立遺伝学研究所・集団遺伝研究部門をへて、京都工芸繊維大学・ショウジョウバエ遺伝資源センター・教授。過去から現在にいたるゲノムの振る舞いを解くことで、遺伝子や細胞、組織・器官が相互作用する仕組みを明らかにし、未来を予測する「進化ゲノム学」に挑戦している。

◉第 2 章

角谷徹仁　かくたに　てつじ　国立遺伝学研究所・育種遺伝研究部門・教授。遺伝子の ON/OFF 情報が塩基配列以外の形で継承される「エピジェネティック」な遺伝現象とその制御機構を、シロイヌナズナという植物を用いて研究している。

◉第 3 章

清水　裕　しみず　ひろし　国立遺伝学研究所・発生遺伝研究部門・助教。多細胞体制が進化する過程で、各種の生理機能がどのように進化してきたかに興味をもっている。理研の祖、寺田寅彦の懐手式研究法を現代において実践している。

◉第 4 章

嶋本伸雄　しまもと　のぶお　国立遺伝学研究所・構造生物学センターをへて、現在、京都産業大学・総合生命科学部・教授。研究所では RNA ポリメラーゼのナノバイオロジーを研究していたが、新しい場所ではテーマを変え、大腸菌の死に方を研究している。けっこう人間の死に方に似ているところがあるのが面白い。

◉第 5 章

北野　潤　きたの　じゅん　国立遺伝学研究所・生態遺伝学研究室・特任准教授。野外生物、特にトゲウオ科魚類を中心にして、多様な環境に適応したり、別種へと分化したりしていく過程について、フィールド調査から分子生物学までを駆使して解明に取り組んでいる。

◉第 6 章

斎藤成也　さいとう　なるや　国立遺伝学研究所・集団遺伝研究部門・教授。日本人を含むアジア集団を中心とするヒト集団の進化史の推定、大規模ゲノム配列比較による遺伝子変換などの進化メカニズムの解析をはじめ、研究テーマは多岐にわたっている。

遺伝子が語る生命 38 億年の謎

なぜ、ゾウはネズミより長生きか？

2014 年 6 月 30 日　初版第 1 刷発行

編　者　　　国立遺伝学研究所
発行者　　　長岡正博
発行所　　　悠書館

〒 113-0033 東京都文京区本郷 2-35-21-302
TEL 03-3812-6504　FAX 03-3812-7504
http://www.yushokan.co.jp/

印刷・製本：株式会社シナノ

ISBN978-4-903487-92-2

定価はカバーに表示してあります